手办的

魅力穿搭

大切的椰子　捏粘士的节操　米米酱
编著

人民邮电出版社

北 京

图书在版编目（CIP）数据

黏土的次元.动漫黏土手办的魅力穿搭／大切的椰
子，捏粘土的节操，米米酱编著. -- 北京：人民邮电出
版社，2021.7
ISBN 978-7-115-54973-0

Ⅰ.①黏… Ⅱ.①大… ②捏… ③米… Ⅲ.①粘土－
手工艺品－制作 Ⅳ.①TS973.5

中国版本图书馆CIP数据核字(2020)第187796号

内 容 提 要

你是否曾因为昂贵的价格或长久的等待时间而得不到自己心仪的动漫人物手办？本书不但可以让你节省开支，还能教你用黏土打造自己的"本命"动漫人物手办。

本书是"黏土的次元"系列中的一本，主要讲解动漫人物黏土手办不同穿搭的制作方法。全书共6章。第1章和第2章，介绍了黏土手办的制作须知；第3章到第6章，分别讲解了校园、时尚礼服、萌萌兽耳和萝莉等不同穿搭风格的人物手办的制作，每个案例开篇均有人物形象分析与着装造型分析，并配有配套视频和针对不同部分的制作配有制作难点解析，并且图解步骤清晰，能帮助大家快速掌握黏土动漫人物手办的不同穿搭风格的制作。

本书适合黏土手工、二次元手办和动漫爱好者阅读，赶快跟随本书一起用黏土制作自己的"本命"手办吧。

◆ 编　著　大切的椰子　捏粘土的节操　米米酱
责任编辑　郭发明
责任印制　周昇亮

◆ 人民邮电出版社出版发行　北京市丰台区成寿寺路 11 号
邮编　100164　电子邮件　315@ptpress.com.cn
网址　https://www.ptpress.com.cn
雅迪云印（天津）科技有限公司印刷

◆ 开本：787×1092　1/16
印张：10.5　　　　　　　　　2021 年 7 月第 1 版
字数：230 千字　　　　　　　2021 年 7 月天津第 1 次印刷

定价：69.80 元

读者服务热线：(010)81055296　印装质量热线：(010)81055316
反盗版热线：(010)81055315
广告经营许可证：京东市监广登字 20170147 号

前 言

　　我一直认为自己是个没有什么耐心的人，却不知不觉在黏土手工制作这条路上坚持到了现在。

　　从最初的不被理解和不被看好，到如今自己用一个个活灵活现的作品向大家证明，我的选择是值得的。虽然这一路走得不容易，但是我却甘之如饴。

　　选择一份事业是源于热爱和坚持，而不是觉得一时好玩或者迷茫时随意的选择。所以当我决定辞去工作，选择用黏土手工制作作为我事业的核心目标时，我就已经准备好随时迎接这个领域里的各种挑战。犹记得第一次捏黏土时的情形，虽然生涩但很欢喜。当一双双明眸、一张张俏颜、一个个造型从自己手中诞生时，那种自豪感和满足感相信每一位手工爱好者都会珍藏于心。

　　很荣幸，时至今日我已不再是孤军奋战，我在行业内收获的不仅是技术上的跨层，还有情谊上的"破圈"。或许，每个人在不同时段都会有一个迷茫期，会陷入对未来的焦虑当中，但我希望翻开这本书的你，会从书里找到属于自己的另一种欢喜。

——捏粘土的节操

目 录

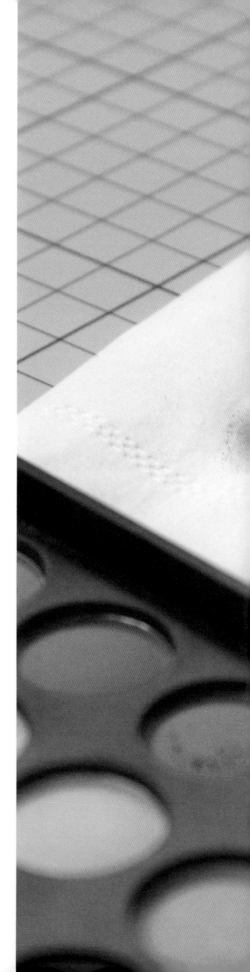

第1章
黏土手办的制作须知

1.1 所用黏土

黏土手办作品的制作材料主要是超轻黏土。在制作黏土手办作品时，为了表现出物品的光泽效果，也会使用树脂黏土。因此，在黏土手办作品的制作中，超轻黏土大多与树脂黏土搭配使用。

1.1.1 常用黏土类型

本书中使用的超轻黏土有小哥比超轻黏土和 Loveclay 黏土，这两款黏土都非常适合新手，价格也比较合适。不同树脂黏土之间的价格没有太大差别。

● 超轻黏土

小哥比黏土的土质较硬、膨胀度低、会出油，被擀薄时不容易裂开，适合用来制作服装。而 Loveclay 黏土质地较软，相较于小哥比黏土，Loveclay 黏土的膨胀度略高一些，但不会出油，这类黏土很适合用来制作身体。

● 树脂黏土

树脂黏土的质感更接近树脂，可用来制作皮质材质的物体，也可用来制作一些装饰、道具。

小提示：本书中萝莉风人物手办的服装制作使用了白色素材土，白色素材土属于树脂黏土，其颜色与白色树脂黏土基本一致。

1.1.2 黏土颜色

不同品牌的超轻黏土，颜色名称相同的黏土是有色差的。大家在学习制作黏土手办的初期，可以多尝试不同的黏土品牌，找到适合自己的黏土。

● 黏土基础色

红、黄、蓝、黑、白这 5 种颜色是捏制黏土作品必备的基础色。其中红、黄、蓝这 3 种颜色的黏土相互混合能调出其他多种颜色的黏土，黑色黏土和白色黏土则可以用于改变黏土颜色的深浅。

红色　　　　　　黄色　　　　　　蓝色　　　　　　黑色　　　　　　白色

● 黏土调色

把两种及两种以上不同颜色的黏土混到一起，即可调配出一种其他颜色的黏土。大家可根据作品实际的需要调整基础色黏土之间的混合比例，调出自己喜爱且需要的颜色的黏土。

基础色黏土之间的混色

红色　+　黄色　=　橙色　　　　黄色　+　蓝色　=　绿色

红色　+　蓝色　=　紫色　　　　白色　+　黑色　=　灰色

大量白色黏土的混色

白色　+　橙色　=　肉色　　　白色　+　红色　=　粉色　　　蓝色　+　白色　=　天蓝色

少量黑色黏土的混色

绿色（小哥比）+黑色=深绿色　　红色　+　黑色　=　深红色　　橙色　+　黑色　=　褐色

其他颜色黏土的混色

肉色　+　褐色　=　茶青色　　蓝色　+　褐色　=　浅蟹灰色　　灰色　+　绿色　=　灰豆绿色

三色黏土的混色

红色　+　黄色　+　黑色　=　棕色　　　　黄色　+　绿色　+　白色　=　翠绿色

1.2 所用工具

制作黏土作品少不了相关的制作工具。可以先用简单的黏土三件套熟悉工具，直至熟练运用，然后慢慢利用各种工具做出细致、精美的手办作品。

1.2.1 制作工具

压泥板

用压泥板能把黏土搓成条、压扁并塑形。常用的压泥板有窄、宽两种规格。

擀泥杖

用擀泥杖能将黏土擀成厚薄程度不同的状态。本书用了塑料、金属两种材质的擀泥杖。

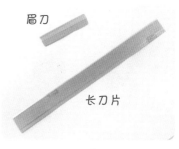

眉刀

长刀片

刀片

可以用刀片对黏土部件进行修剪、造型。常用刀片有眉刀和长刀片。

刀形工具、鱼形工具

用黏土三件套能为黏土手办造型、修形、添加细节。上图中分别为黏土三件套里的刀形工具和鱼形工具。

压痕笔

用压痕笔能为黏土手办作品压出圆点装饰，如花边装饰。

勺形工具

勺形工具一头为细尖状，一头为圆勺形，有非常强大的塑形功能，可以为身体塑形、制作服装褶皱。

大、小直头剪

制作手办时一般需备一大一小两把直头剪，大直头剪可以剪大块黏土，小直头剪适用于处理细节。

大、小弯头剪

弯头剪翘起的弯头设计能贴合手办曲线，方便对黏土进行裁剪。弯头剪属于制作手办的必备工具。

半圆形木刻笔刀

可以用半圆形木刻笔刀给制作好的头部掏出用于安装脖子的圆洞。

抹刀

抹刀常用于为黏土手办作品修整形状，其侧面用来制作压痕，正面用来抹平黏土边缘。

镊子

镊子可用于粘贴细小物件，以及处理手办作品上的小细节。

棒针

棒针常用于调整服装褶皱、为手办塑形。棒针的圆头适合压制宽大褶皱，尖头适合制作细密褶皱。

羊角工具

羊角工具是制作褶皱的利器之一，用途非常广泛。

丸棒

丸棒常用来制作圆滑的凹面，如耳朵衔接处的凹面。

白乳胶

白乳胶用于粘贴、固定黏土。上方左图为点胶瓶，内装白乳胶，其较细的针头方便为手办作品的细小区域打胶。

切割垫

切割垫可作为制作黏土手办的工作台，在上面切割可以防止划花桌面，还能保护刀片。

脸型与耳型模具

利用脸型和耳型模具能快速做出一个成品脸型和耳朵。

蛋形辅助器

利用蛋形辅助器能做出带弧度的发片，以及拱起的裙片。

大　　　中　　　小

切圆工具

切圆工具有塑料和金属两种材质，本书中分为大、中、小三种型号（不分材质）。利用切圆工具能切出大小不同的圆。

酒精棉片

酒精棉片常用来抹平接缝，也可用来擦拭黏土表面的灰尘或污迹。

3mm 花边剪

用 3mm 花边剪（以下简称"花边剪"）能够剪出不同样式的花边，以装饰手办人物。

亚克力圆形底座

用亚克力圆形底座可将做好的黏土手办人物固定住，方便手办的存放与收藏。

微型电钻

利用微型电钻在底座上打孔，把手办人物固定在底座上。

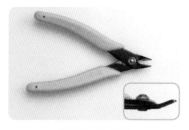

弯嘴斜口剪钳

弯嘴斜口剪钳用于裁剪铜丝、钢丝与包皮铁丝的长度。

圆嘴钳

利用圆嘴钳能把钢丝、铁丝等材料弯折，便于各黏土部件的组合。

直径均为 1mm 的铜丝、钢丝及包皮铁丝

将其插在手办人物的肢体部件内，以进行整体的固定与组合。

1.2.2 辅助工具

圆规

圆规是测量工具，常与切割垫上的刻度尺搭配使用。

痱子粉

痱子粉用于涂在湿黏的黏土上，让黏土变得干爽。

笔刀

笔刀刀口锋利，能轻易将黏土切成细小的形状。

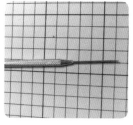

细节针

细节针用于细节处理，可插入黏土部件中起支撑作用。

透明文件夹

透明文件夹可用于擀制超薄黏土片。把混有树脂黏土的黏土放进透明文件夹里擀，黏土不会粘到擀泥杖上。

纸巾与 A4 纸

制作特定形状的物品时，可先用纸巾或 A4 纸制作出小样，再放在黏土上，对照着切黏土。

针孔晾干台

铅笔与中性笔

可在制作好的黏土部件上插上铜丝或铁丝，将其固定在针孔晾干台上晾干。针孔晾干台属于必备工具。

铅笔与中性笔可用于在黏土手办上做出记号，方便后续制作。中性笔有红、黑两色。

1.2.3 上色工具

色粉和眼影粉

丙烯颜料

色粉和眼影粉可用于为手办人物的脸部、手脚等部位上色，为手办人物打造自然的肤色效果。

丙烯颜料用于勾画人物的五官以及服装上的装饰图案。

面相笔

色粉刷

水性亮油

蘸取丙烯颜料或色粉后，可用面相笔勾画手办人物的五官、妆容。

色粉刷与色粉、眼影粉配合使用，可为人物上妆。

水性亮油用于涂在手办人物的眼睛上或鞋子表面，为作品增添光泽感。

1.2.4 装饰配件及工具

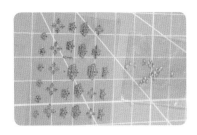
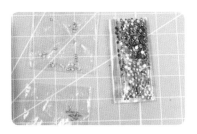

装饰配件与 B-7000 胶

这些装饰配件主要用于装饰手办人物，与 B-7000 胶搭配使用。

第 2 章
黏土手办的基础知识

2.1 黏土基础形的制作与应用

想用黏土做出好看的手办作品，学会制作黏土的相关基础形是必要的，下面会一一介绍黏土中常见基础形的制作及其应用，快来跟我一起学习吧。

2.1.1 圆形

圆形在黏土作品中的使用范围非常广，几乎所有基础形的起始形都是圆形。

● 圆形的制作

取适量黏土置于掌心，用手掌将其搓成圆形，把圆形放在指尖，用指腹抹平表面。

● 圆形的应用

搓成圆形的黏土可直接用来制作后脑勺。

在圆形的基础上，搓出长条，做出脚的形状。以圆形为基础形制作其他部件是圆形的常规应用。

2.1.2 薄片

薄片是用于制作服装、发片、装饰以及道具等多种黏土部件的基础形，用途非常广泛。

● 薄片的制作

先把黏土搓成圆形，用擀泥杖把圆形擀成薄片。也可根据需要，用长刀片把薄片切成具体形状。

● 薄片的应用

薄片可以用来制作服装、装饰，以及一些片状的物件。此处只展示了薄片的一部分应用，大家可查看后面的案例，了解薄片的更多用途。

2.1.3 长条

长条是在薄片的基础上用工具裁切出来的，一般用于手办人物的整体装饰。

● 长条的制作

用擀泥杖把黏土擀成薄片，用长刀片在薄片上切出细长条。

● 长条的应用

通过拼接、组合长条等，能为手办人物的服装制作出多种装饰，增添服装的华丽感与精致感。这一应用在第 4 章介绍的手办人物形象上表现得非常突出。

2.1.4 水滴形

水滴形也是十分常用的一种形状，是在圆形的基础上加工而成的。

● 水滴形的制作

先把黏土揉成圆形，再将两个手掌合成"V"形夹住圆形的一端，将黏土放在手掌上反复揉搓，直至搓成水滴形。

小提示：两个手掌形成的角度大小有差异，根据不同的角度可揉出短且圆的水滴形或细长的水滴形。

内容拓展

梭形的制作方法：在制作出水滴形后，调换黏土在手中的受力部位，用同样的方法反复揉搓出另一端尖头。

小提示：梭形两端的尖头大小要保持一致。

● 水滴形的应用

将黏土搓成水滴形，塞进脸模，脱模后得到人物的脸型。用相同的方法可制作出耳朵。

可用水滴形制作头发以及女孩子的胸部，大家也可通过案例了解水滴形的更多应用。

2.2 黏土手办的装饰元素

制作黏土手办作品时，除了要捏制人物，也要重视人物身上的装饰。这些装饰既要符合人物风格，又要能起到装饰人物的作用，为人物增添细节和层次。

2.2.1 花边的制作方法

花边是一种带状或条状的装饰物，有多种样式，在手办作品里大多用于装饰服装或制作装饰，属于常用元素。

● 方法一：压

用压痕笔做出不同样式的花边。

样式 1 准备一片带有直边的黏土片。用大号压痕笔在直边上向下戳出重复且连续的圆孔，随后用带尖端的工具调整形状。用刀片切下，花边样式 1 就做好了。

样式 2 准备一片带有直边的黏土片。拿出一大一小两种压痕笔，先用大号压痕笔在直边上做出向上拱起的半圆，再用小号压痕笔挨着半圆压出小圆点。重复以上操作，直至做出一条完整的花边。用刀片切下，花边样式 2 就做好了。

样式 3 准备一片带有直边的黏土片。用大号压痕笔在直边上先向下压，再向上戳。重复以上操作，可做出重复且连续的波浪形花边。用刀片切下，花边样式 3 就做好了。

样式 4 准备一片带有直边的黏土片。先用大号压痕笔在黏土片的直边上压出两个有一定间距的大圆孔，然后用小号压痕笔在两个大圆孔中间的下方压一个小圆孔，做出一组两大一小的组合图形。重复压出这个组合图形直至做出一条完整的花边。用刀片切下，花边样式 4 就做好了。

● 方法二：折

手指与棒针的配合使用。

制作前提示

制作褶皱花边需要相对薄一点的黏土片（黏土片太厚，折出的花边不好看），因此可以在超轻黏土里混入一些树脂黏土，增加黏土的韧性，这样擀制较薄的黏土片时黏土片才不会碎裂。

样式 1 切一片黏土薄片，用手指固定薄片的一边，把部分黏土折叠起来，制作出简单款的褶皱花边。

样式 2 拿一片黏土薄片，用手指折出"工"字褶花边。

样式 3 将一片黏土薄片放在工作台上，用棒针尖端挑起薄片，随后用手指将薄片拱起的顶端压扁，做出一个褶皱。重复以上操作，做出一条完整的花边。

● 方法三：剪

使用花边剪剪出花边。

样式 1 切一片长方形黏土片，用花边剪剪出半圆形花边。

轻微向下移动花边剪，让花边剪与剪出的半圆形花边错开，随后剪出左图所示的花边。

用长刀片把花边切下即可。

样式 2 用花边剪剪出半圆形花边，换一个方向拿剪刀，在离边缘有一些距离的地方，让花边剪对准半圆形花边，剪出月牙形花边。

样式 3 用花边剪剪出凹进去的半圆形花边，再将黏土片转一圈，剪出菱形花边。

2.2.2 蝴蝶结的制作方法

在手办作品中，蝴蝶结是比较常见的装饰元素。例如，在萝莉风的服装上，蝴蝶结就使用得非常多，可用在头部、领口、袖口以及腰部等位置。这里只讲蝴蝶结这一装饰元素的制作。

● 蝴蝶结样式 1 的制作步骤

01 准备一片黏土片，将其切成长短一致的两条小短条。

02 将两条小短条分别对折，用镊子夹出尖角，对称拼接在一起，做出蝴蝶结的结。

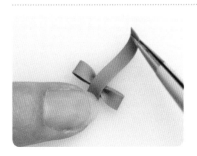

03 在蝴蝶结中间贴一片黏土片，遮住蝴蝶结中间的接缝，并剪去多余的黏土片。

04 准备两片梯形黏土片，将其相叠后把做好的蝴蝶结贴在上面。完成蝴蝶结样式 1 的制作。

● 蝴蝶结样式 2 的制作

01 用刀片把准备好的两片小短片切成梭形，再将两片小短片分别对折，对称拼出蝴蝶结。

02 在蝴蝶结中间贴一片梯形薄片，遮住蝴蝶结中间的接缝。

03 切出两片长梯形黏土片，将其相叠后把做好的蝴蝶结贴在上面。完成蝴蝶结样式 2 的制作。

● 蝴蝶结样式 3 的制作

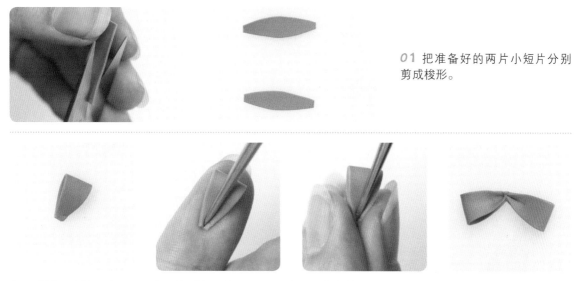

01 把准备好的两片小短片分别剪成梭形。

02 对折一片梭形黏土片，做出蝴蝶结上其中的一个结，用棒针尖端压出结上面的凹痕。用同样的方法做出另一个结，将两个结对称拼在一起，做出一个完整的蝴蝶结。

03 在蝴蝶结中间贴一片梯形薄片，遮住蝴蝶结中间的接缝，用棒针压出凹痕。

04 切出两片长梯形黏土片，用手弯出曲线造型，再贴在做好的蝴蝶结下面。完成蝴蝶结样式 3 的制作。

● 蝴蝶结样式 4 的制作

01 做出两个蝴蝶结的结，将其拼接。

02 贴上一个半圆形小珍珠做装饰。完成蝴蝶结样式 4 的制作。

2.3 黏土手办的人物比例

人物身体比例，即头身比。理想中的头身比为 8 头身，但大多数手办作品中人物的头身比是 7 头身或 7.5 头身，这也是本书中介绍的手办人物的头身比。

2.3.1 头身比

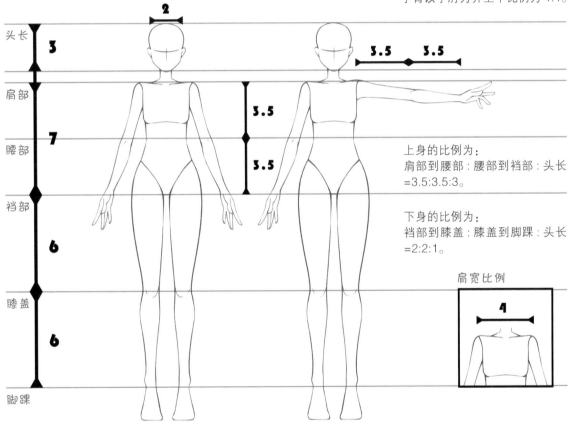

注：身体以腰为界上下比例为 1:1，
手臂以手肘为界上下比例为 1:1。

上身的比例为：
肩部到腰部：腰部到裆部：头长
=3.5:3.5:3。

下身的比例为：
裆部到膝盖：膝盖到脚踝：头长
=2:2:1。

肩宽比例

上图为 7 头身的人物手办比例示意图，上身（肩部到裆部）：腿部（裆部到脚踝）：脚长：头长 =7:12:3:3。

不同人在手办人物头身比的把握上有各自的喜好，如 7 头身、6.5 头身，甚至是 5 头身，但 7 头身是最常用的。7 头身的手办人物身材匀称，6.5 头身通常是写实的头身比，而采用 5 头身的手办人物属于上身短、腿部长的娇小可爱型。

2.3.2 五官的位置

如何确定手办人物五官的位置，关键在于先确定眼睛所在位置，再以眼睛为参照点，确定其他五官的位置。结合人物的眼型，定下眼睛上下眼睑、内外眼角的位置，就能确定眼睛的具体位置。下面展示了确定眼睛位置的方法，供大家参考。

● 确定眼睛的位置

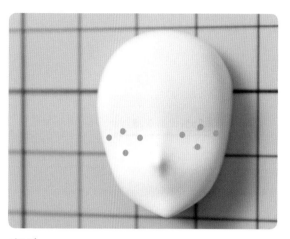 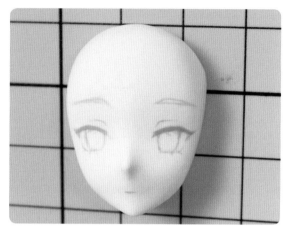

方法 1

在脸型 1/2 处，分别标记出两只眼睛的上、下眼睑与内、外眼角的位置，确定眼睛的高度与宽度，并画出眼型、眉毛和嘴巴。

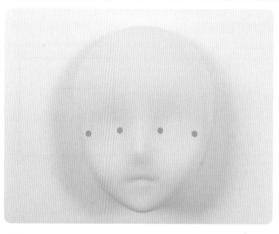 

方法 2

在脸型 1/2 处，分别标记出两只眼睛的内眼角和外眼角的位置，确定眼睛的高度，再结合眼睛的大小画出完整的眼型。

2.3.3 手的长度

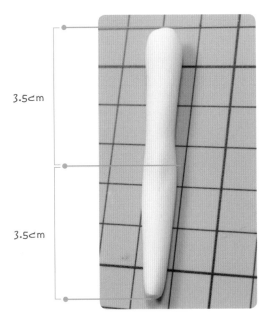

3.5cm

3.5cm

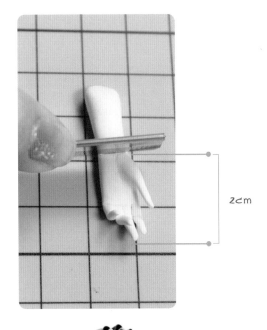

2cm

臀部下方

当手臂呈自然垂落状态时，手指的位置大致在臀部下方。结合前面介绍的头身比的内容，我们能够确认手臂（肩部到手腕）长 7cm，手掌长约 2cm，整个手长约 9cm。因此，大家要参照手办人物的头身比确定整个手的具体长度。

第 3 章
校园风
人物手办

3.1 校园风人物分析

3.1.1 所用黏土色卡

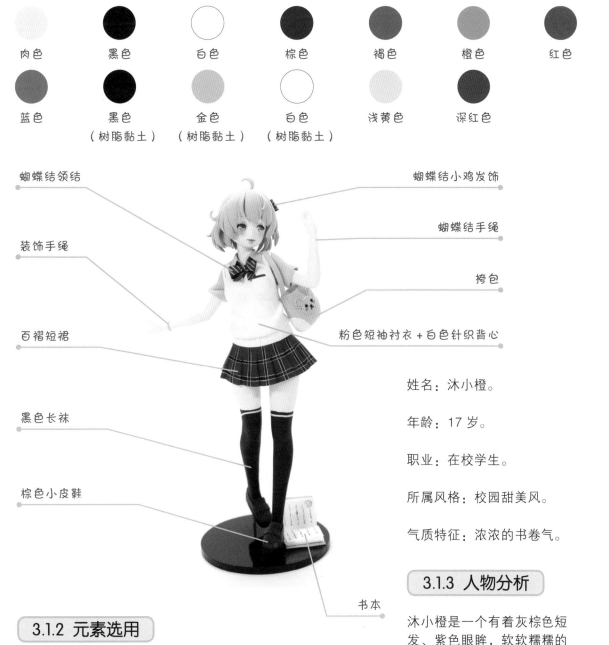

肉色　黑色　白色　棕色　褐色　橙色　红色

蓝色　黑色（树脂黏土）　金色（树脂黏土）　白色（树脂黏土）　浅黄色　深红色

蝴蝶结领结

装饰手绳

百褶短裙

黑色长袜

棕色小皮鞋

蝴蝶结小鸡发饰

蝴蝶结手绳

挎包

粉色短袖衬衣 + 白色针织背心

书本

姓名：沐小橙。

年龄：17 岁。

职业：在校学生。

所属风格：校园甜美风。

气质特征：浓浓的书卷气。

3.1.2 元素选用

根据对校园的印象，在制作本案例中的校园风手办人物形象时，选取了棕色小皮鞋、黑色长袜、百褶短裙、粉色短袖衬衣、白色针织背心，以及蝴蝶结领结等相关元素。

3.1.3 人物分析

沐小橙是一个有着灰棕色短发、紫色眼眸，软软糯糯的女孩子。她个性迷糊，经常丢三落四。她喜欢一切可爱的东西，最喜欢背她的浅天蓝色小熊挎包，经常在头上别一个蝴蝶结小鸡发饰。

3.2 手办制作演示

3.2.1 头部的制作

● 脱模制作人物的脸型

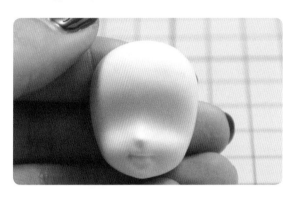

本案例中的人物是校园风甜美元气少女，需要突出人物可爱和朝气蓬勃的特征。所以，少女的脸型要做得比较圆润、可爱，有肉嘟嘟的脸颊、小巧的鼻子以及微微抿起的薄唇。

01 取适量肉色黏土捏成一个较大的水滴形，并选择干净、光滑的一面捏出一个小尖。

02 拿出准备好的手办人物的脸型模具（以下简称"脸模"），将上一步捏出的黏土的小尖对准脸模内鼻尖的位置并塞进去，尽量让黏土填满整个脸模。

03 把多余的黏土擀至脸模的头顶位置，用手捏住黏土并快速将黏土拔出，然后用大直头剪修剪脸型上多余的黏土。

04 用黏土三件套里鱼形工具（后面简称"鱼形工具"）的圆头加深唇线。

05 用压痕笔调整嘴角的深度，并使唇形更丰满。

06 用棒针加深两侧鼻翼,使鼻尖变得更挺翘。

● **画脸**

绘制脸部时,眉色尽量选择和发色大致相同或同色系的颜色,但不要比发色深。绘制脸部时,要突出人物软萌且惹人怜爱的特点。整体妆容偏粉嫩,不要使用重色上妆。

07 拿出做好的手办人物脸型,以及熟赭色、青莲色、钛白色、马斯黑色等丙烯颜料,准备绘制人物的脸部。

08 用熟赭色加大量水调浅,画出眉毛、眼睛的轮廓和腮红。

小提示: 如笔尖水分较多,可用纸巾吸掉多余水分。

09 用钛白色画出眼白。

10 用钛白色加少量马斯黑色调出灰色,画出眼白上的阴影。

11 用钛白色加青莲色加少量马斯黑色调出浅紫色,画出眼珠下方的浅色。

12 用钛白色加青莲色加马斯黑色调出比浅紫色更深的紫色,画出眼珠上方的深色。

13 用青莲色小范围画出眼珠上方的最深色。

14 用青莲色点出瞳孔。

15 用马斯黑色加熟赭色调色，勾画眼线和睫毛。

16 用熟赭色加青莲色加钛白色加少量马斯黑色调色，画出眉毛。用钛白色画上高光。

 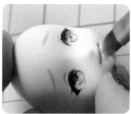   

17 用色粉刷蘸取粉色和橙色色粉，采用少量多次、由浅入深的方法，给脸部上妆。

18 给画好的眼妆涂一层水性亮油，为眼睛增添光彩。

小提示：不要涂出界哦。

● 制作后脑勺

后脑勺的形状要饱满，不能太扁或太厚。我们可以通过观察头部正面的造型和头部侧面的整体形状来判断后脑勺形状是否合适。

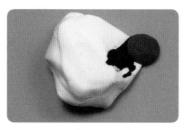 

19 用白色黏土、黑色黏土和棕色黏土进行混色，混出灰棕色黏土。

20 把适量灰棕色黏土搓成圆形，将之贴在脸型背面后用指腹抹平黏土表面的细纹，并使二者紧贴，这样即可制作出后脑勺。

● 制作头发

本案例中，手办人物的发型是较蓬松、扎着一个小马尾的短发造型。其整体发量偏多，需要大量的发片，这样才能做出饱满且有层次感的发型。

制作时，先做出后脑勺部分的头发，再做出侧面披着的头发和扎起的小马尾。

21 开始制作后脑勺部分的头发。用压泥板将灰棕色黏土条压成中间厚、边缘薄的黏土片，然后用黏土三件套里的刀形工具（以下简称"刀形工具"）在黏土片上压出中间宽、边缘细的头发纹理。

22 用大直头剪顺着头发纹理剪出头发分叉，并用刀形工具消除剪痕，调整分叉形态。

23 把做好的发片贴在后脑勺中间偏上的位置，注意发根的高度以及发片走向。

24 根据头发走向，用相同的制作方法做出发尾内扣的发片。

25 把发片贴在上一步贴好的发片的左侧，用大直头剪修剪发根。贴好发片后注意调整头发走向。

26 用同样的方法制作出上图形态的发片，贴在中间发片的右侧。贴的时候稍微与之前的发片重叠，让发片之间不要露出空隙，发片间的衔接部分要尽量处理得平整、顺滑。

27 制作头部右侧的头发。先制作一片耳发贴在眉毛下方后脑勺与脸型交接处。由于给人物设计的造型不需要露出耳朵，所以需要制作一片耳发以完全遮住耳朵。

28 制作发尾向内、能包住脸颊的发片。

29 用刀形工具调整分叉形态，把发片紧挨着后脑勺部分的发片粘贴。

小提示：发片的发根部分要细一点，以留出刘海儿部分的位置。

30 制作头部左侧编着的麻花辫和扎起来的马尾。先在眉毛下方后脑勺与脸型交接处贴上两片耳发。

31 把适量灰棕色黏土做成有一定厚度的黏土片，并轻轻地贴在头部左侧空白部分，用眉刀和刀形工具修整造型。

32 根据麻花编的造型，先用刀形工具压出麻花辫的发丝纹理，再用镊子消除压痕并修整麻花辫的"麻花"形态。

33 在麻花辫下方继续添加发片并用刀形工具调整发片，增加头发的层次感。

34 制作刘海儿发片。

35 将刘海儿发片对齐发际线贴上，用刀形工具切除发根多余的黏土，用鱼形工具的圆头把贴在后脑勺的发片压紧，刘海儿发片与脸之间留一定的空隙。

36 用大直头剪剪出小片的碎发丝，并贴在鬓边，修饰人物的脸型。

37 剪出发片，贴在脸部右侧作为第一层刘海儿，用直头剪剪去多余黏土。

38 用同样的方法添加脸部右侧的第二层刘海儿，用刀形工具压出第二层刘海儿的纹理。

39 剪出上图所示的发片，贴在额头正中间，然后用刀形工具压出刘海儿发片根部的发丝纹理，做出额头中间的刘海儿。

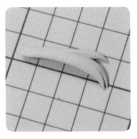

40 制作一些小发片和小发丝,用它们填补发片之间的缝隙,用各种工具修整造型。

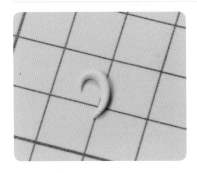

41 制作一些弯曲的头发,贴在刘海儿、头部两侧、头顶等位置,增加人物的俏皮感。

42 制作扎起来的小马尾,用小直头剪修剪发根后贴在麻花辫的底端。至此,人物的发型就制作完成了。

43 上图为不同角度下的发型。

3.2.2 下半身与短裙的制作

● 制作下半身

制作下半身的内容包括：制作双腿、制作小皮鞋以及双腿组合。

小提示：本案例人物穿着黑色长袜，所以脚掌至膝盖上方这部分的腿就直接用黑色黏土捏制，再与肉色大腿衔接，从而做出整条腿。

制作双腿

01 制作直立的腿。将适量黑色黏土搓成上粗下细的长条，最粗的部分的直径不要超过 2cm，最细的部分的直径不要小于 1cm。用小拇指在细的那端上方大约 2cm 处搓出脚踝，并拉长脚。

02 用大拇指抵住脚背，食指向脚后跟方向轻轻平推，推出脚后跟，然后用手调整脚背高度并拉长小腿。

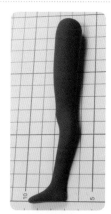

03 用大拇指指腹在腿部后面压出膝盖窝，把腿部正面凸出的部分略微搓细，按压凸出部分正下方并往前推，做出膝盖，调整腿型。

04 制作弯曲的腿。先做出一条直立的腿，注意两条腿比例一致。用左手大拇指将大腿往膝盖推，右手固定小腿，不要用力，只起固定作用，慢慢将腿调整至微微弯曲的状态。

05 用眉刀将做出的双腿切断，只留黑色长袜包裹部分。

06 将适量肉色黏土搓成短且粗的萝卜形，作为裸露的大腿，接着把细的一端压平。

小提示：水平面面积要和黑色长袜包裹部分的切面的面积相近。

07 及时将裸露的大腿与黑色长袜包裹部分衔接。

小提示：当黏土的黏性不够时，可以在衔接位置涂抹少量白乳胶。

08 用大直头剪剪掉大腿根部多余的黏土。

小提示：大腿最宽的位置为裆部的水平位置。

09 用眉刀在用白色黏土加白色树脂黏土擀出的超薄薄片上切出细长条，将它贴在距离黑色长裤顶部 1mm 左右的位置上。

制作小皮鞋

10 把用褐色黏土加橙色黏土混出的咖啡色黏土擀成薄片（若黏土太湿可以稍微晾几分钟，直到能从切割垫上轻松揭下，不要完全干透），用切圆工具在薄片上压出一个圆，用大直头剪剪出大致与圆直径同宽的长条，做出鞋面造型。

11 顺着脚贴鞋面，在脚后跟中线位置处理鞋面收口，用大直头剪剪去多余薄片。

12 剪出咖啡色圆角矩形黏土片作为鞋舌，贴在脚背的鞋面缺口上。

13 剪一片咖啡色黏土片，贴在鞋舌与鞋面间露出黑色袜子的地方，剪去多余薄片。

14 将适量黑色黏土用压泥板搓成条，并微微压扁，用手调窄鞋后跟位置，将它贴在脚底做鞋底。

15 用刀形工具沿鞋底修正鞋底形状，然后用抹刀调整细节。小皮鞋就做完了。

双腿组合

16 先用白色黏土捏出一个较大的水滴形，再捏出裆部形状贴在两腿之间，同时调整出臀部的形状。

小提示：如果腿部与裆部衔接的黏土的黏性不够，可在衔接部分涂适量清水，稍等一会儿，黏土的黏性就能增加。

● 制作百褶短裙

百褶短裙的裙身是由众多细密且垂直的皱褶构成的。制作时先用工具做出折痕，再根据折痕折出褶皱。

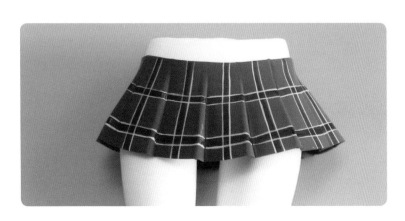

17 用红色黏土加蓝色黏土混合成紫色黏土,再加黑色树脂黏土,混合成带光泽的深紫色黏土。

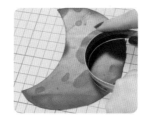

18 将适量深紫色黏土擀成薄片,然后弯曲长刀片把薄片切成圆弧形长片,用该圆弧形长片来制作短裙。

19 用刀形工具压出裙子折痕,再用手根据折痕折出褶皱。

20 用相同的方法将圆弧形长片折成百褶裙。

21 把做好的百褶裙围绕臀部贴一圈,调整裙摆动态。裙片接缝的部分尽量控制在褶皱处,这样能更好地隐藏接缝。

22 在裙腰以上 2mm 左右的位置,用眉刀和大直头剪沿着裙腰剪掉多余黏土。

23 用面相笔依次蘸取黑色、白色等丙烯颜料,勾画出百褶裙上的格子装饰图案。

3.2.3 上半身与服装的制作

● 制作上半身

通常，在上半身没有露出皮肤的情况下，手办人物的上半身和贴身衣服是做成一体的。本案例中，人物穿的是粉色衬衣，因而选用粉色黏土捏制上半身，就不再使用肉色黏土。

01 将用少量红色黏土加大量白色黏土混出的粉色黏土搓成一个较大的水滴形，用手掌分别在较大的水滴形黏土的上、下两端各压出一个斜面，做出上半身的基础形。

02 用手调整肩部与胸部的形状。

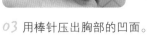

03 用棒针压出胸部的凹面。

04 用鱼形工具的圆头分别压出肩部与手部的衔接凹面。

05 用棒针做出胸部的大致形状，并用指腹抹平压痕。

06 用鱼形工具的圆头调整胸部，调整细节。

07 用棒针在上半身下方戳出一个洞，用手调整出腰线。

小提示：上半身底端洞的大小要和下半身衔接部分的大小保持一致。

08 用棒针分别戳出肩部的形状和脖子的位置。

09 根据上半身长度，用大直头剪剪去多余部分，往上半身下方的洞内塞入粉色黏土，填充上半身。

10 把做好的上半身与下半身组合在一起。

11 将肉色黏土搓成圆柱形并粘在脖子的位置上，用刀形工具调整细节收口，随后用手调整脖子，让脖子从侧面看是微微前倾的形态。

● 制作手臂

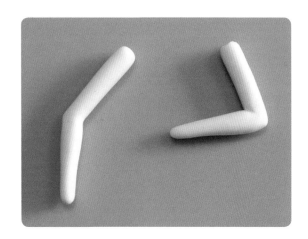

因为女孩子的手臂比较纤细，所以只需捏出手臂的大致形态，做出手臂的动态造型。

12 用压泥板搓出肉色黏土长条，用手指把长条中间搓细一点，区分出上臂和前臂。

13 在中间位置弯折手臂，用两手的食指和大拇指往弯曲的地方轻轻推出手肘，同时调整肘关节的形状。

14 用相同的方法做出另一条约呈 90°弯曲状态的手臂。

● 制作手掌

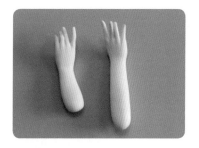

本案例中，人物的双手动作类似微微翘起的"兰花指"，手指指节带有不明显的关节感。这个效果用手指造型，再以工具辅助就能做出。

15 将适量肉色黏土搓成条，用手指将黏土条一端压扁，用来做手掌。

16 用大拇指与食指捏住手掌两边，捏出掌型，再弯出手腕，然后用大直头剪修剪出手指合并时的雏形。

17 剪出手指，用棒针压出指缝，把指尖捏成微微上翘的形态，再依次剪出其他 3 根手指并调整手指的开合状态。

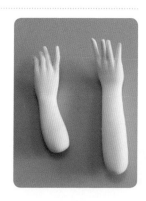

18 用左手食指抵住人物手背，用指甲（或者镊子）顶在人物小拇指 1/2 的位置，并往内折，随后依次弯折其他 3 根手指，并用棒针调整手腕的细节。用相同的方法做出另一个手掌。

● 添加大拇指与手的组合，拼接手臂与手掌

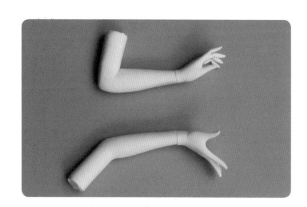

手臂与手掌的衔接组合尽量在手臂与手掌部件都干燥到一定程度后再进行，以避免衔接组合时捏坏做好的部件。

    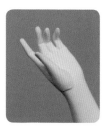

19 将适量肉色黏土搓成水滴形，贴在手掌的大拇指位置，用棒针压出虎口，再修剪出指型。

20 用酒精棉片打磨大拇指与手掌的接缝处，将缝隙抹平，这样手部制作就完成了。用相同的方法完成另一只手与大拇指的组合。

21 用眉刀从手腕处切下手掌，将手掌与手臂拼接。

小提示：接缝处可以用酒精棉片打磨。

22 用相同的方法把另一只手臂与手掌拼接组合起来。成品如右图所示。

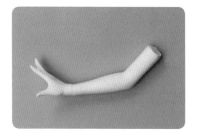 

● 制作上衣

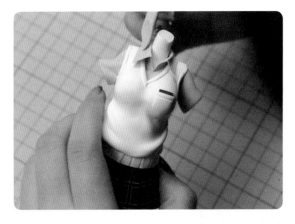

根据人物形象设定，人物的上衣是粉色衬衣加白色针织背心。在捏制人物上半身时已将衬衣做出，此时只需给衬衣加上衣领、衣袖和白色针织背心。

23 将适量粉色黏土搓成水滴形，用手挤压出左图所示的三角形作为衣袖。

24 用棒针在袖口处压出凹槽，逐步调整衣袖形状并将衣袖边缘压薄，接着用大直头剪修剪袖口，用压泥板轻压袖口使其变得平整。

25 用手捏出衣袖与肩部衔接处的形状。

26 把衣袖贴在肩部，用棒针将接缝处擀压平整使二者衔接自然，再调整袖口的摆动方向。

27 制作袖口处的动态褶皱。

  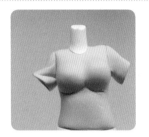 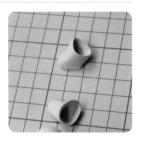

28 用相同的方法做出另一只衣袖及其动态褶皱。

29 在衣袖定型、干透后将其取下，备用。

30 切一片宽度不大于百褶裙留白部分宽度的白色黏土片，用鱼形工具的直头在其上压出竖条纹。

31 把做好的白色黏土片贴在百褶裙的留白部分，做出白色针织背心的下摆，贴片时尽量对齐中缝，剪去多余部分。

32 用大直头剪在白色黏土片上剪出领口，并把白色黏土片的下端切成直边，作为衣片。

 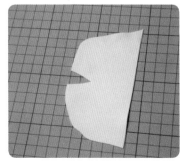

33 让衣片直角边贴紧白色针织背心下摆，用勺形工具的尖头调整褶皱形状及间距，再用手把衣片往背后收。

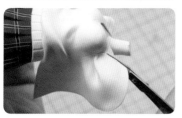 

34 用切圆工具轻轻压出袖口形状，再用大弯头剪剪掉多余的黏土片。

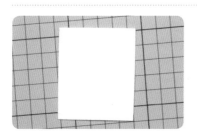  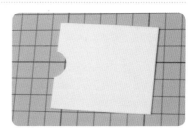

35 将白色黏土擀片并切出一个长方形作为后背的衣片，接着用与脖子大小相同的切圆工具压出一个圆弧作为领口。

 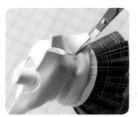

36 将后背衣片的领口与正面衣片的领口衔接，再用刀形工具顺着正面衣片上的褶皱压出后背衣片上的褶皱。剪去多余衣片，对齐侧面的中缝线。

37 用大直头剪剪掉肩部多余的衣片，用刀形工具调整接缝处，用切圆工具压出袖口的形状，用剪刀或者眉刀修剪出白色针织背心的形状。

38 用酒精棉片擦拭肩部，把衣袖安装在肩部，然后在白色针织背心袖口和领口的边缘贴上白色细条作为遮盖和装饰。

39 用咖啡色黏土片和白色黏土片，做出白色针织背心的装饰口袋。

40 弯曲长刀片，在粉色黏土薄片上切出右边第三幅图所示的形状作为衣领。

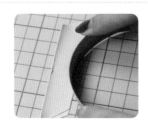

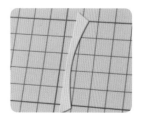

41 把切出的粉色衣领贴在脖子周围，剪去多余部分，并用鱼形工具的圆头调整衣领形状。

42 用同样的方法切出一片相同形状的薄片，将它拼接在上一步贴好的衣领上，用大直头剪修剪衣领形状。可等两片衣领干透后用酒精棉片打磨接缝处，消除接缝痕迹。

3.2.4 道具的制作

● 制作挎包

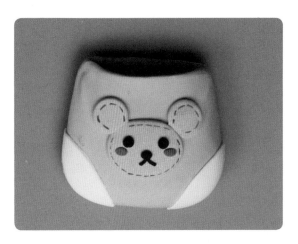

挎包的制作步骤：

先做出挎包主体，再用带尖头的工具开出包口，随后在挎包的包身上依次添加装饰即可。

01 将适量用大量白色黏土加多一点蓝色黏土再加少量浅黄色黏土混出的浅天蓝色黏土搓成较大的水滴形，然后把较大的水滴形捏成一个梯形的包袋造型，再把包口捏平整，并把包袋边缘压出弧面。

02 用鱼形工具的圆头压出包口的凹槽，把边缘压薄，再用棒针压出包口的褶皱。

03 用棒针滚动压出包身的褶皱，注意褶皱之间的过渡要柔和。

04 用大号切圆工具在白色黏土片上切出一个圆片，然后用眉刀将圆片对半切开，分别把两片半圆形的薄片贴在挎包两侧的下端，作为护角装饰。

  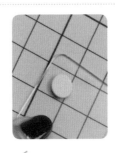  

05 取适量金色树脂黏土用压泥板压成椭圆形，贴在包身上，作为熊脸。

06 用压泥板将金色树脂黏土压成圆形薄片，裁切后贴在熊脸顶部一侧，作为小熊的耳朵。用相同的方法做出另一只小熊耳朵。

07 给小熊添加黑色的眼睛、鼻子、嘴巴和粉色的腮红。

08 用面相笔蘸取熟褐色丙烯颜料，在小熊内侧边缘绘制虚线装饰。

● 制作书本

书本的制作分为3步，首先做出厚厚的书本内页，再把单独制作的有文字内容的书页贴在上面，最后加上书本外壳，书本就制作好了。

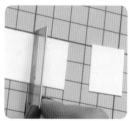

09 用眉刀将白色黏土薄片切出2片长方形，并在上面绘制文字内容，作为书本展开的内页。

10 将切好的2片白色黏土片拼成书本翻开后的造型，然后把做好的带有文字内容的书本内页分别贴在书本上。

11 用眉刀在金色树脂黏土薄片上切出书本外壳，随后将其与白色的书本内页组合起来。完成书本的制作。

● 制作蝴蝶结领结

本案例中制作的蝴蝶结领结款式属于较宽、较粗的蝴蝶结款式，上面的金色斜线装饰纹样让蝴蝶结领结显得非常时尚与独特。

12 将深红色黏土薄片剪成梭形，将梭形两端粘在一起，用同样的方法制作蝴蝶结的另一半，将它们对称拼接在一起。

  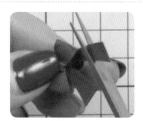 

13 用眉刀切 2 片梯形黏土片和一块长方形小黏土片，与上一步做好的蝴蝶结组装成蝴蝶结领结，接着把蝴蝶结领结修剪至合适的长度。

14 在蝴蝶结领结背面粘上 2 条长条，接着用面相笔蘸取用金色加钛白色丙烯颜料调出的浅金色，绘制蝴蝶结领结上的斜线装饰纹样。

3.2.5 细节装饰与组合

● 制作蝴蝶结与小鸡发饰

  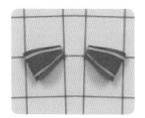 

01 拿深紫色黏土薄片剪出 2 片梭形，然后用面相笔蘸取浅金色丙烯颜料在薄片上画出线条装饰。分别将 2 片梭形对折，粘在小马尾上，组合做出一个蝴蝶结。

02 用浅黄色黏土搓一个圆形，将它粘在蝴蝶结底端，再用面相笔在圆形上简单地画出小鸡的表情。完成蝴蝶结小鸡发饰的制作。

● 制作手部装饰

03 用眉刀从金色树脂黏土薄片上切一根长条，用手拧出装饰纹路，缠在右手手腕上作为装饰手绳，剪去多余部分。

04 用笔刀在白色黏土薄片上切出白色细条，贴在左手手腕处，作为白色蝴蝶结手绳。

● 各黏土部件之间的组合

05 从身体上取下挎包，把弯曲后的包皮铁丝插进挎包与身体的接触面，再把包皮铁丝的另一端插进身体来固定挎包，接着切一条浅天蓝色黏土长条作为包带。

   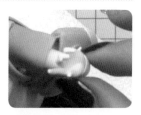

06 把前面做好的蝴蝶结领结用白乳胶固定在领口，再把挎包放在肩膀上（不用固定）观察整体效果。

07 先安装左手手臂，对准肩膀位置插入铁丝。将手臂对准肩膀插到铁丝上，同时调整手臂姿态。用相同的方法安装右手手臂。

08 选用与脖子差不多大小的中号切圆工具,在头部底端掏出一个洞,并把头部安装在脖子上。

● 安装底座

09 拿一个黑色亚克力圆形底座,在底座上打孔后,利用工具将手办人物固定在底座上,再把前面做好的书本贴在底座上。至此,校园风人物手办的制作就结束啦。

第 4 章
时尚礼服风
人物手办

4.1 时尚礼服风人物分析

4.1.1 所用黏土色卡

| 黑色 | 肉色 | 黄色 | 绿色 | 黑色 | 金色 | 白色 | 红色 | 蓝色 | 褐色 | 橙色 |

（小哥比黏土）（树脂黏土）（树脂黏土）

米色短发

魔法风套装

神情淡然

仿兔耳衣领

武器

利落的靴子

人物形象设定：神秘美少年

发型：短发 + 米色发色

妆容特点：清凉的双眸，高鼻梁，薄唇，淡然的神情

所属风格：时尚且神秘的美少年

4.1.2 元素选用

本案例制作的手办人物形象是一个酷酷的美少年。少年的印象色为紫色，给人高雅、神秘的感觉。

因此，为人物设计了魔法风的长袖、短裤、长且宽大的仿兔耳衣领的套装式服装。整个服装使用大量金线和各色钻石装饰，并采用紫色，大大增强了手办人物神秘的魔法属性。

4.1.3 人物分析

另类的米色发色、紫色以及金色与绿色系颜色的搭配组合，展现出少年"酷"的个性，一头利落、帅气的短发与淡然的气质，让大家不禁疑惑，他拿着的到底是利器还是禁锢的枷锁？

63

4.2 手办制作演示

4.2.1 身体的制作

● 制作下半身

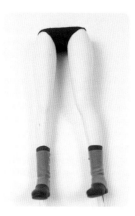

双腿的制作一般从脚上的鞋子开始。先制作出鞋子的形态，再通过贴皮表现皮鞋的质感。将鞋子安装上去之后再开始腿部的塑形，这样一体感更强，鞋子与腿部的过渡也会更自然。

需注意，最好在双腿都干燥到一定程度后再进行双腿连接，以防止捏坏辛辛苦苦做好的腿型。

01 取适量黑色黏土，先搓成圆形再搓成长条，在距离长条一端 2cm 处用手将长条弯折 90°，做出脚后跟的形状。

02 用手指收窄脚后跟，并朝着脚尖方向逐渐捏扁脚掌。按上面第二幅图所示的方式捏住脚后跟（确保塑形过程中脚后跟一直是窄窄的），再调整脚尖的厚度，将脚掌捏成类三角形。

   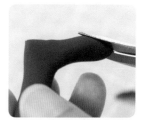

03 把做好的脚放在切割垫上确定脚的最终长度。用大弯头剪剪掉脚尖多余的部分后，整个脚看上去会很厚，因此继续用大弯头剪修剪脚后跟与脚尖，降低脚的厚度。

04 用大拇指与食指将脚掌边缘捏扁，调整脚掌弧度，接着用大弯头剪从脚踝处剪断。用相同的方法做出另一只脚，并放在一旁晾4小时以上。

05 先用红色黏土加蓝色黏土混出紫色黏土，再加黑色树脂黏土混出带光泽的深紫色黏土并将其擀成薄片。将薄片包在晾干后的脚上。

  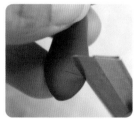 

06 用大弯头剪将脚上多余的薄片剪去并让薄片的接缝留在脚后跟，接着沿着鞋底边缘用大弯头剪将薄片剪齐，用眉刀划出鞋尖的横纹。

07 倾斜压泥板，把深紫色黏土条压成一端厚一端薄的黏土片，作为鞋底。鞋底的厚度可以参考右边第二幅图鞋底的厚度。

   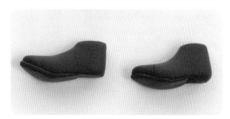

08 将鞋底薄的一端贴在脚掌处，用大弯头剪沿着鞋底边缘剪掉多余黏土，用抹刀将鞋底边缘往上推，缩小鞋底与鞋身的缝隙。用相同的方法做出另一只鞋子。

09 将适量肉色黏土搓成圆形，用压泥板搓成一头粗一头细的长水滴形，然后把细的一头与做好的鞋子拼接起来，再放在手掌里，将细的一头慢慢搓细，直至搓出小腿。

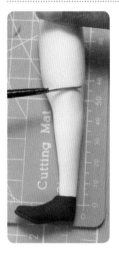   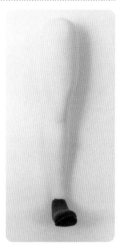

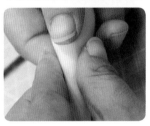 

10 先在离脚踝约 5cm 处标记出膝盖的位置；再将腿放在手心，用大拇指指腹的侧面搓出膝盖窝；接着用手稍微弯曲膝盖；随后用左手的大拇指与食指捏住膝盖左右两侧，右手的大拇指放在膝盖上方并往膝盖方向推，塑造出膝盖的形态后将腿掰直。这样膝盖就做好了。

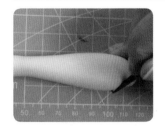   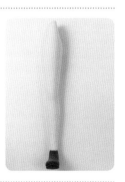

11 在离膝盖约 5cm 处标记出大腿根的位置，用棒针在标记处压出一道凹痕，用手将大腿根部捏成右图所示的造型。

12 用手把小腿前端捏尖，做出有骨骼的感觉。在膝盖处用勺形工具推出膝盖骨，再用手指稍做调整。用相同的方法做出另一条腿。

小提示：两条腿做好后需放在柔软的地方晾 4 小时以上。

13 用黑色中性笔在两条大腿的大腿根部标记出安装裆部的位置，再用眉刀沿着标记切一圈，用大弯头剪剪出斜面。

14 先用铅笔标记出袜子的高度，接着擀出深紫色黏土薄片，用大号切圆工具在薄片上切出圆弧。

15 将薄片圆弧的那端沿小腿处的铅笔痕绕着小腿贴一圈，随后用眉刀将脚踝处、小腿内侧的黏土片切平整，并撕掉多余的黏土片。

16 将黏土片往小腿后方绕，直到能包住小腿，再用眉刀切掉多余的黏土片，用棒针调整袜子与鞋子的接缝处。

17 用勺形工具和棒针压出脚踝处袜子上的褶皱，完成袜子的制作。用相同的方法做出另一条腿上的袜子。

  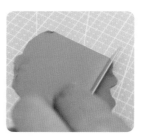 

18 用深紫色黏土加大量白色黏土混出浅紫色黏土，擀成薄片，用眉刀在薄片上切出一个直角。

19 把切出的带直角的薄片贴在深紫色袜子靠下一点的位置，一边用大直头剪沿着脚底进行修剪，一边将黏土片沿着小腿贴一圈。

20 用眉刀把浅紫色薄片切成上图的造型，然后用棒针压出褶皱。用同样的方法处理另一条腿。

 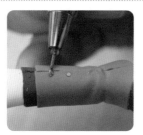 

21 用 B-7000 胶在袜子内侧打胶，再用中性笔吸住金色铆钉，将铆钉贴在袜子内侧。用同样的方法处理另一条腿。

22 切一块长半椭圆形深紫色黏土块，将它贴在脚后跟上做鞋跟，然后用手指将鞋跟边缘捏扁，用抹刀将鞋跟往脚踝方向推，使缝隙缩小。用相同的方法做出另一条腿上的细节，然后放在一旁晾 4 小时以上。

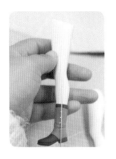   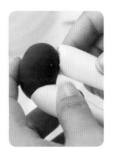 

23 拿出直径为 1mm 的钢丝，找到合适的位置后将钢丝缓慢插入腿中。

24 将适量黑色黏土搓成圆形并贴在大腿根部，调整好接缝后再将另一条腿贴上去，捏出裆部的大体形状。

  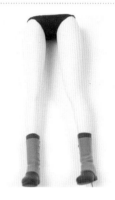

25 用眉刀和大弯头剪将大腿根部以上的黑色黏土去掉，把做好的下半身放在一旁晾 3 小时以上。

● 制作上半身

本案例展示的手办人物是一个少年形象，其肩宽与胯宽相同，腰部稍细，有明显的锁骨。由于人物身上穿有衣服，所以腹部的肌肉细节在制作时可省略。

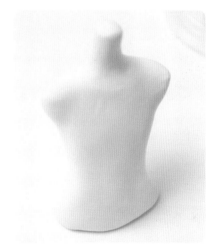

26 将适量肉色黏土搓成圆形，放在掌心搓成一头稍宽、一头稍窄的不规则椭圆形。

27 用手掌将黏土宽的一头稍稍压扁，然后用大拇指与食指从黏土两侧往中间捏，捏出脖子。

28 捏出上半身两侧的肩膀，接着右手轻捏住脖子，左手放在上半身两侧，轻轻拉长上半身，同时做出上半身侧面的"S"形弧度。将上半身立在切割垫上，用手指将肚子处的黏土往切割垫方向推。

29 拿起上半身，用指腹抹平小腹，随后用大弯头剪剪去多余黏土。完成手办人物上半身的制作。

● 上、下半身组合

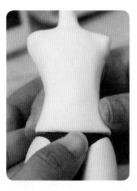  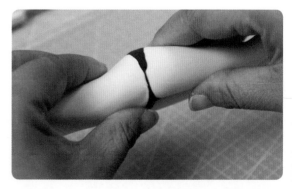

30 趁上半身还未干燥，将上半身与下半身连接，用棒针向下滚动以抹平接缝，并从整体形态上调整手办人物的身体。

31 用棒针斜着按压肩膀,以区分肩膀与胸腔。用棒针从脖子根部滚动着轻轻往下推,做出锁骨,并在锁骨正中间压出锁骨窝。

32 用勺形工具沿着锁骨压出锁骨沟,强化锁骨造型。然后用勺形工具把锁骨部分的黏土往脖子上推,用指腹抹平压痕,完成锁骨的制作。

33 用手给肩膀塑形,然后用大弯头剪修剪肩膀的形状,调整细节。完成手办人物身体的制作。

4.2.2 服装的制作

● 制作短裤

短裤的两只裤腿要单独制作。先做出一只裤腿,将其贴在腿上后,用同样的方法制作另一只裤腿。用这种方法制作裤子比较容易。

01 将之前调好的深紫色黏土擀成片后，用长刀片和眉刀切出上面第四幅图所示的形状，用它来制作手办人物的短裤。

02 用铅笔在臀部背面正中间做垂直线标记，把切好的黏土薄片对准（正反面对准）标记贴在身体上，贴出一只裤腿，并将裤腿的接缝留在正侧面。

03 用弯头剪剪去多余薄片，再用弯头剪和眉刀将裤腿与裤腰修剪整齐。

04 用相同的方法做出另外一只裤腿。

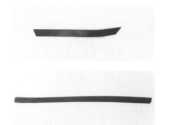   

05 切一长一短2条深紫色黏土细条，分别贴在门襟和裤腰上。为了防止制作上衣时将裤子压变形，需等待裤子晾干后再制作上衣。

● 制作上衣及添加装饰

手办人物的上衣款式为直身及腰型，能够凸显出少年
清瘦的身形；独特的衣襟造型，能表现人物的个性。
简单、修身的上衣和短裤，是少年的必备穿搭。

制作上衣

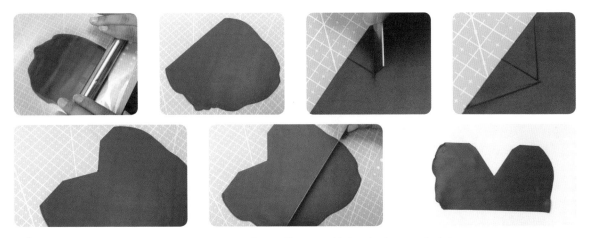

06 将适量深紫色黏土放在透明文件夹里擀成薄片，按照上图的步骤切出深"V"衣领。

07 用眉刀将肩膀削锋利
一些。这样在贴上衣服
后，肩膀不会显得太圆。

08 将领口置于身体正中间，把多余的黏土片往后贴。将肩膀上面的黏土片捏紧实后，用大弯头剪剪掉多
余薄片，然后修剪衣服长度，让它刚好能够遮住裤子。

09 将衣服的接缝留在背部正中间，用大弯头剪剪掉多余黏土片，修剪衣服下围。

10 用眉刀修剪上衣边缘不平整的地方。初步完成上衣的制作。

11 将黄色黏土加白色黏土混成的浅黄色黏土擀片后，用大号切圆工具切出圆弧，用圆规测量出衣领的宽度与高度后分别标记在黏土片上，然后按照标记的点切出扇形薄片。

12 把切出的扇形薄片贴在深V领口上，再用抹刀和小直头剪稍做调整、修剪。

13 用褐色黏土加橙色黏土混成咖啡色黏土，将咖啡色黏土擀成片，利用切割垫标出衣领长度、宽度，用眉刀将黏土片切成上面第四幅图中的形状。

14 用铅笔标出衣领的位置，一边将黏土片沿着标记贴在脖子上，一边用眉刀切去多余的黏土片。完成一半衣领的制作。

15 用同样的方法把另一半衣领做出来。

16 拿小哥比绿色黏土切出一条细长条，贴在脖子根部，剪去多余部分，然后用眉刀把衣领调整至合适高度。

添加装饰

17 用 B-7000 胶把准备好的金色铆钉粘在锁骨窝。

 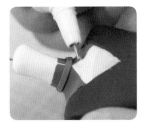 

   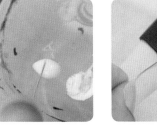 

18 先将金色树脂黏土擀成薄片，再把薄片切成若干细丝。

19 给黏土细丝的一端涂上少量白乳胶，将黏土细丝围绕裤腿贴一圈。

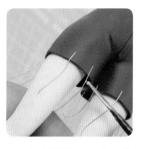   

20 在离裤腿有一些距离的黏土细丝上涂白乳胶，横向贴一圈黏土细丝，然后用大直头剪剪掉多余的黏土细丝。

21 用 B-7000 胶水将湖蓝色钻石粘在裤腿上的黏土细丝顶端，在下端的衔接处粘上金色铆钉。

22 用红色黏土、蓝色黏土和白色黏土混合成浅紫色黏土，用擀泥杖将其擀成薄片，用圆规量出身体的宽度后标记在黏土片上，沿标记把黏土片切成长方形。

23 将长方形薄片对准切割垫上的网格，用圆规标出中心点，把长方形薄片切成左边第二幅图中所示的形状，然后将之贴在身体上，让黏土片的长度略超过上衣的长度。

    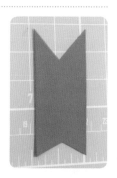

24 用圆规标记衣领的位置，撕下黏土片，按照标记裁切。

 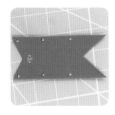   

25 准备金属美甲贴、金色铆钉和若干金色黏土细丝。先将金属美甲贴与金色铆钉贴在薄片上；再将黏土细丝蘸白乳胶，贴在铆钉与铆钉之间。

26 给黏土片背面涂一层白乳胶，对齐领口贴在人物胸前。

● 制作手掌、衣袖及添加肩部装饰

古典风的衣袖、肩部用金色线条穿插而成的三角形装饰，透露出神秘感，让人联想到塔罗牌"审判"。

制作手掌

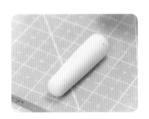 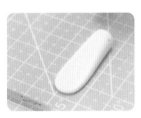  

27 制作左手。将少量肉色黏土搓条，用压泥板将一端压扁，用勺形工具的尖头在距黏土扁端约 2cm 处划一道痕迹，确定手掌所在范围。

28 用棒针滚动着将手腕处的黏土往扁的一端推，用指腹抹平压痕，突出手掌。用大拇指与食指收窄手掌，同时将手指部分压得更薄一些。

29 用抹刀划出手指的大致位置后，用大直头剪沿着划痕剪出 4 指并修整 4 指的相对长度，便于区分左右手。

30 先调整手掌两边的手指。用棒针压开指缝，将手掌侧放，观察手指的厚度，如手指偏厚可用大直头剪进行修剪，细化手指形态。

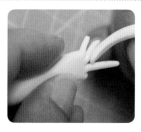

31 用勺形工具分别弯曲手掌两边的手指。轻轻地将中间 2 根手指搓圆，再用勺形工具将它们一一弯折，用手指调整其形状。

32 弯折手指后，用手捏出向上弯曲的指尖，然后用镊子夹细手指，用勺形工具调整手背上凸起的关节，再将手掌放在一旁晾 1 小时以上。

33 将少量肉色黏土搓成圆形，再将它搓成较大的水滴形。将较大的水滴形安装在已经干燥的手掌上，作为大拇指。

34 用大弯头剪修剪出大拇指的形状，然后用棒针抹平剪痕。

35 用面相笔蘸水刷在接缝处，再用酒精棉片抹平大拇指与手掌的接缝。

36 用相同的方法做出右手后用青莲色丙烯颜料给指甲上色。

37 用面相笔蘸取红色色粉后在肤色色粉上刷一刷,将颜色调成淡红色,再用带着淡红色色粉的面相笔刷指尖、掌心与指缝。

38 在小哥比绿色黏土片上切出一个直角，随后将黏土片的直边贴在手腕处，用大弯头剪剪掉多余黏土片。用同样的方法处理另一只手。

39 在手腕上贴金属美甲贴进行装饰,齐腕切掉双手多余的黏土。

制作衣袖

40 将深紫色黏土搓成圆形,倾斜压泥板将它搓成长水滴形,将长水滴形粗的一头放在裆部往上一点的位置,看衣袖长度是否合适。

41 将手掌安装到衣袖上,在整个手臂长度的2/5处弯曲,做出手肘,然后用手指在手肘处推一下,固定弯曲角度。

42 将手臂放在身体一侧,确定手臂的长度后,用大弯头剪剪去多余部分,并把手臂顶部剪成斜面,便于与身体衔接。

43 如图所示,用勺形工具与棒针压出衣袖上的褶皱。

44 分别给手臂与身体涂上白乳胶,将二者衔接在一起。用同样的方法做出另一只手臂。

添加肩部装饰

45 准备一条能够围绕肩膀一圈的金色黏土细丝,在肩膀上涂上白乳胶后把金色黏土细丝绕肩膀一圈粘在肩膀上。

  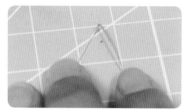

46 将金色黏土细丝弯折约 45°,再拿出 B-7000 胶、湖蓝色钻石、直径 1mm 的金色铆钉、金属美甲贴,根据上图所示的顺序装饰手办人物的服装。

47 添加装饰细节。

小提示:B-7000 胶的用量要少,因为胶水溢出来容易显脏。

● 制作衣领

本案例给手办人物制作的衣领是仿兔耳衣领，制作步骤为：

首先，利用纸巾画出衣领形状作为纸样；其次，按照纸样的形状切出黏土片；最后，装饰衣领。

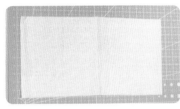 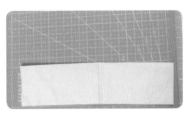

48 拿一张纸巾，对折。

49 将手办人物放在纸巾上，纸巾长度到膝盖，用红色中性笔在纸巾上画一条直线标记肩膀的高度，接着画出上面第三幅图所示的形状，用直头剪剪出具体形状，并展开纸巾。

50 将适量浅紫色黏土放在透明文件夹里擀成薄片，给黏土薄片的其中一面扑一层痱子粉，让黏土变得干爽。

51 把剪好的纸巾放在黏土薄片上用圆规标记定点，再用长刀片按照定点连线，切出衣领形状，接着弯曲长刀片将衣领的长直边切成带弧度的边。

52 将裁切好的浅紫色黏土片叠在深紫色黏土片上，切出相同的形状，做成正反面不同色的衣领。

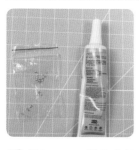

53 用 B-7000 胶将直径 1mm 的金色铆钉粘在衣领上作为装饰。

54 切若干金色黏土细丝，将其一面涂上白乳胶，粘在金色铆钉之间。

55 依次用中号和大号的切圆工具裁切衣领，在衣领顶端挖出领口，用大弯头剪修剪出领口形状。完成背后衣领的制作。

56 在手办人物的肩膀后面涂白乳胶，把背后衣领粘在背部，用眉刀把肩部切平，并把收得过紧的领口剪宽松一点。

57 在深紫色黏土薄片上裁切出两个小三角形，当作正面的衣领。

58 给三角形衣领涂胶，将之与背后的衣领组合起来。

59 给衣领增加装饰，完成手办人物服装的制作。

4.2.3 头部的制作

● **画脸**

本案例制作的少年是非常有个性的，因而为他设计了艳丽一些的妆容，以展示少年的不同。同时，少年的眼睛微闭，澄澈、清亮的眼眸中透露出一丝温柔与坚定。

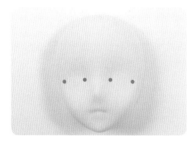

01 取适量肉色黏土，用脸型模具做一个手办人物的脸型，在脸型 1/2 处，用铅笔点 4 个点以确定眼睛的高度，并画出眼型、眉毛草稿。

02 用丙烯颜料的熟赭色勾出唇线，用土黄色勾画眼睛与眉毛的轮廓线。

03 用丙烯颜料的钛白色加少量马斯黑色调出浅灰色，画出眼白上的阴影。用土黄色完善眉毛的绘制。

04 用丙烯颜料的钛白色平涂整个眼白。

05 用丙烯颜料的钴蓝色加钛白色调出浅蓝色，画出眼珠。

06 用丙烯颜料的青莲色加大量钛白色调出浅紫色，画出瞳孔。

07 用丙烯颜料的青莲色勾画眼珠与瞳孔的边缘。

08 用之前调出的浅紫色画出眼线。

09 用丙烯颜料的土黄色加熟赭色调出深一点的黄色，勾勒下眼睫毛，并在上眼线、眉毛等地方勾画一笔，增加眼睛颜色的层次感。

10 用丙烯颜料的钴蓝色加钛白色调出比眼珠颜色深一点的蓝色，画出眼珠的深色区和上眼线。

11 用面相笔蘸取肤色色粉刷嘴唇、脸颊、眉骨等部位。

● 制作后脑勺

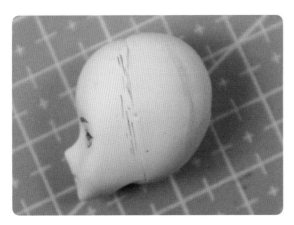

后脑勺要饱满，不可太扁或者太厚。判断后脑勺的形状是否合适，不仅要结合脸型观察，而且也要看头部侧面的整体形状，而不是单看后脑勺这一部分。

12 用与脖子大小相同的切圆工具，在下巴处挖出脖洞。

13 用少许红色黏土加较多黄色黏土再加大量白色黏土混出米色黏土（可多调一些，后期制作头发也要用到）备用。

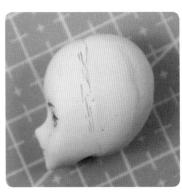

14 将适量米色黏土搓成圆形，贴在脸型后面，调整接缝，做出后脑勺。

小提示：如果后脑勺太厚，可用大弯头剪直接修剪。

15 用与脖子大小相同的切圆工具在头部挖出脖洞。因为后脑勺部分的黏土还没干，所以要用丸棒把脖洞压紧实。

16 将头部放在脖子上，用棒针将接缝尽量抹顺，同时调整头部角度。

● 制作头发

本案例的手办人物的头发主要分成3层：后脖颈头发、后脑勺头发、前端刘海儿。

后脖颈的头发放到人物左侧，后脑勺的头发为不规则碎发，前端刘海儿分成左、中、右3块制作，然后观察整个发型，添加小碎发。

17 用小弯头剪在米色黏土团上剪下一块黏土。用手指弯曲黏土尖端后将黏土放在蛋形辅助器上，用掌心压成两边厚、中间薄的形状，作为发片。

18 先做最里层的头发，即后脖颈部分的头发。用大弯头剪在发片上剪出头发的分叉。

19 用小直头剪调整发片形态，将发片贴在后脖颈正中间。

20 剪出上面第一幅图所示的发片样式，将它贴在头部左侧。

小提示：贴的时候该发片与前一片发片稍微重叠，不要露出太多脖子。

21 剪出上面第一幅图所示的发片样式，并贴在头部右侧。因为人物的头发是偏向左边的，所以贴的时候这层头发的走向需要保持在一个方向上。

高
度
一
致

22 剪出上面第一幅图所示的发片样式，并贴在头部右侧。调整发片形态时，要保证从人物正面看，左右两边小碎发的高度是一致的。

23 开始贴第二层头发。先用红色中性笔在头顶根据头发走向将头发分成 3 个区块，这样贴的时候就有把握了。

小提示：人物的发型不是中分，而是稍微朝人物左边偏的偏分。

24 先贴区块 1 的头发。用大弯头剪在米色黏土团上剪下一块黏土，将之放在后脑勺对比长度是否合适（不要太短就行），然后把黏土块放在蛋形辅助器上压扁，再一次对比长度。

25 用大弯头剪在黏土片上剪出头发分叉。

26 将剪好的发片贴在区块 1 所在的头顶处。

小提示：贴的高度以发梢为准，让发梢能遮挡第一层发片间的缝隙。

27 用同样的方法剪出发片，将区块 1 填满。

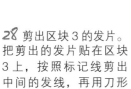

28 剪出区块 3 的发片。把剪出的发片贴在区块 3 上，按照标记线剪出中间的发线，再用刀形工具将切口压下去。

29 用相同的方法剪出并贴好区块 2 的头发。

30 贴两侧的头发。贴两侧的发片时要左右对称着贴，一直贴到头发与脸型的交界处为止，且发片之间可以微微重叠。因为，制作的每片发片都是中间厚、两边薄的形态，所以两片发片微微重叠时，不会有不自然的段差感，而会有 3 层、4 层甚至多层的效果，做出的头发就有很好的层次感。

31 剪出小发丝，稍微弯曲后贴在后脑勺上，作为碎发。

● 制作耳朵

32 将适量肉色黏土搓成水滴形，将尖端推进耳型模具里。用黏土填满耳型模具后，用棒针将多余的黏土推到一侧。

33 用手指捏住多余的黏土，干净利落地将耳朵拉出来，用大直头剪修剪耳朵边缘后剪下耳朵。

34 趁头发没干透，用丸棒在耳朵的位置轻轻压一个坑，接着给耳朵背面涂白乳胶，将耳朵贴上去。用相同的方法做出另一只耳朵并将其贴在相应位置上。

● 完善头发

35 分两层贴刘海儿。用大弯头剪剪下一块米色黏土将其压成中间厚、边缘薄的黏土片，用大弯头剪剪出头发分叉，将做好的发片贴到额头上，用抹刀划一条发丝纹理。

36 剪出上面第一幅图所示形状的发片，将发尾放在耳朵顶部，将其贴在额头上后用刀形工具压一道痕迹，让不同发片尖端集中到一点。用大弯头剪按照划出的痕迹修剪发片，并重新将发片贴在额头上，做出人物右半边刘海儿。

37 制作鬓角的碎发。剪出小片发片贴于耳朵前，将发片的一头隐藏在刘海儿下面。

38 用同样的方法剪出并贴好人物左半边刘海儿与鬓角碎发。

39 剪出上面第一幅图所示的发片，将之贴在刘海儿与后面头发的交界处，隐藏接缝，然后用刀形工具切掉多余部分。

40 做出上面第一幅图所示的发片，用同样的方法将后脑勺与脸部的两侧接缝都盖住。

41 用压泥板压出非常薄的发片，剪出分叉，将它贴在人物右侧刘海儿上方，给头发增加层次。

42 头发造型到这里就基本完成了，接下来随机贴上一些小碎发即可。

43 在米色黏土片上切出上面第一幅图所示的发丝并贴在头发上，然后在脸颊处添加一根细长一点的小碎发。

44 上图展示的是不同角度的发型。

4.2.4 添加底座与道具

● 添加底座

01 将做好的手办人物放在亚克力圆形底座上，用红色中性笔标出钢丝插入点。用微型电钻打孔后撕掉底座表面的膜，再利用圆嘴钳将钢丝插入亚克力圆形底座中。手办人物底座添加完成。

● 制作道具

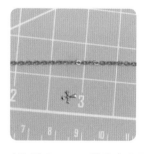   

02 用 B-7000 胶将十字形金属美甲贴与金色极细链条连接。

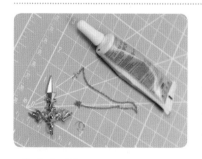 

03 拿出装饰吊坠、B-7000 胶、金色圆环以及上一步加工过的极细链条。

04 用金色圆环把链条与装饰吊坠连起来。

 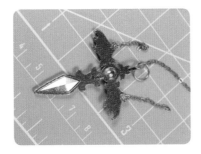 

05 用 B-7000 胶，分别在金属吊坠左右两侧翅膀的顶端各粘上一截金色极细链条，接着将链条的另一端与金属圆环连接起来。

06 等制作的手办人物完全干燥后，将做好的道具粘在人物的手心上。

第5章

萌萌兽耳风
人物手办

5.1 萌萌兽耳风人物分析

5.1.1 所用黏土色卡

 棕色　 黄色　 肉色　 黑色　 红色　 白色　 黑色(树脂黏土)　 金色(树脂黏土)

兔耳

手杖

菱形图案

蝴蝶结

人物形象设定：萌萌兽耳风少年。

发型：白色的短发。

妆容特点：可爱无辜的眼神，人畜无害的表情和与众不同的五官颜色。

所属风格：萌系。

5.1.2 元素选用

兽耳是二次元文化里"萌"的其中一种代表物，是对动物耳朵形态的通称。一般兽耳的使用对象大多是小女孩和小男孩，以凸显未成年人物萌的特征。兽耳中最为常见的是猫耳、兔耳、狐耳等，本案例制作的是兔耳。

5.1.3 人物分析

使用的蝴蝶结、菱形图案、手杖、兔耳等这些颇具奇幻色彩的元素，不禁让人联想到引诱爱丽丝坠入神奇的地下世界的那只兔子。他仿佛是在邀请大家："一起来玩吧，还有那么多时光。"

5.2 手办制作演示

5.2.1 下半身与短裤的制作

● 制作下半身

一般漂亮少年的腿型都比较接近女孩的腿型，因此大家可以按照女性腿型的捏法去捏本案例中手办人物的腿型。

本案例捏制的人物姿态呈坐姿，该人物的双腿均有不同程度的弯曲，整个身体是向后飘在空中的。另外，本案例使用的黏土除肉色、白色是 Loveclay 黏土外，其他颜色的超轻黏土均是小哥比超轻黏土。

制作双腿

01 将适量棕色黏土搓成条，弯曲 90° 后捏出鞋子的大致形状，制作鞋子的详细步骤请参考 4.3.1 小节。

02 调整脚后跟和脚踝的粗细，由于少年是踮着脚的，所以将小腿部分从脚踝往后掰。

03 用大弯头剪把脚剪出穿着小高跟鞋的弧度感，用手指将小高跟鞋边缘捏扁。

04 用眉刀沿着脚踝处的凹痕斜着切下鞋子。

05 用红色黏土加黄色黏土再加大量白色黏土混合出米色黏土。将适量米色黏土擀成薄片贴在鞋底，用大弯头剪修剪鞋底边缘。

06 将米色黏土搓成条，稍稍压扁后切去 1/3，然后把剩下的黏土块贴在鞋底上作为鞋跟，接着用棒针抹平接缝，并将鞋跟边缘捏出锋利感。

07 用压泥板将肉色黏土擀成长水滴形，将长水滴形细的一头与鞋子衔接作为腿，再用指腹抹平接缝。

08 调整脚踝粗细，以脚踝的粗细为基准，用手掌慢慢搓出小腿。

09 用棒针在距离脚踝约 5cm 处标出膝盖的位置，然后搓出膝盖和大腿。

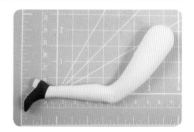

10 从膝盖处弯曲腿，再用一只手收窄膝盖，另一只手的大拇指将膝盖后面的黏土往大腿方向推，接着调整膝盖造型并固定膝盖的弯折角度。

11 用勺形工具压出膝盖骨，用指腹抹平压痕，并把膝盖内侧的小腿肚捏小一些。

12 用相同的方法制作另一条腿。用棒针和手调整腿型，再用手将小腿前端捏尖一些，做出小腿的骨骼感，然后调整小腿从正面看的弯曲弧度。这条腿就制作完成了。

13 从膝盖出发，找到大腿上与小腿长度一致的位置，用棒针做出标记，随后将大腿从标记处往上折，折出大腿根。用同样的方法折出另一腿的大腿根。

14 用红色中性笔标出大腿根部要切掉的部分，先用眉刀划破表皮，再用大弯头剪剪掉多余的黏土，这样切口才会平整。

制作鞋袜

15 用眉刀把擀出的黑色黏土片切出一条直边。将鞋子从腿上摘下，便于制作腿袜。

16 把黑色黏土片的直边贴在小腿一半处，并围绕小腿贴一圈，用大弯头剪从小腿后面剪掉多余的黏土，将接缝留在小腿肚的后面。

17 在黑色黏土片上切出 4 条长条，贴在小腿上作为腿袜吊带。

18 拿出丙烯颜料的土黄、翠绿、酞菁绿、钛白、柠檬黄等颜色，绘制腿袜的花纹。用 B-7000 胶把星形金属美甲贴粘在腿袜的吊带上。用同样的方法做出另一只腿袜。

19 给鞋子切面涂上白乳胶，将鞋子粘回脚踝处。

20 在棕色黏土片上切出 2 片约 5cm 长的黏土片。

21 在鞋子与脚踝的接缝处涂一点白乳胶，将切好的黏土片贴在脚踝处，用棒针调整接缝，并用大弯头剪将黏土片剪成上面最后一副图所示的造型。

22 用大弯头剪将黏土片剪开，再把黏土片翻折做成靴子样式，随后用大弯头剪修剪边缘。

23 将红色黏土擀成片，用长刀片切出 5 片宽 0.5cm、长 2cm 的长方形。

24 用眉刀把其中 1 片长方形对半切成两个三角形。

25 弯曲长刀片，把余下的 4 片长方形，切成上面第三幅图所示的米粒形。

26 在鞋子的开口处涂上白乳胶，并贴上三角形黏土片，接着对折米粒形黏土片并粘在三角形黏土片上，做出蝴蝶结造型。用同样的方法做出另一只鞋上的蝴蝶结。

27 用 B-7000 胶将准备好的钻石粘在两只鞋的蝴蝶结上。

组合双腿和臀部

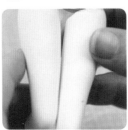

28 用圆嘴钳把钢丝弯折 90°，对比着腿部找到合适的胯宽后，再次将钢丝弯折，把钢丝插入两条腿中。

29 在大腿截面涂上白乳胶（也可以不涂，这样如果臀部没做好也能重做），将黑色圆形黏土粘在大腿根部，捏出臀部形状，然后用棒针抹平接缝。将下半身放在一旁晾4小时左右。

● 制作短裤

短裤的做法大同小异，但因为少年是微微蜷身的姿势，所以本案例的短裤在制作细节上稍有不同，是第4章的短裤制作的进阶版。

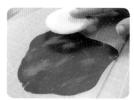

30 将黑色黏土与黑色树脂黏土按2:1的比例混合以增加质感，然后擀成薄片。在黏土片的一面扑少量痱子粉，防止制作裤子时裤子粘在大腿上撕不下来，然后在黏土片上切出一条直边。

31 将直边作为裤腿贴在大腿上，用勺形工具按压大腿根部的转折处并将腹部的黏土片往下压，做出褶皱，再用刀形工具划出裤腿的中线。

32 用刀形工具和大弯头剪裁切黏土片，剪出人物右边的裤腿。

33 将黏土片往后贴并包住臀部，用眉刀和大弯头剪从臀部的正中间把裤腿剪至大腿根部。

34 在裤腿接缝处涂白乳胶，将裤腿拼接起来，用大弯头剪将边缘修剪整齐。完成右边人物裤腿的制作。

35 用棒针与勺形工具在裆部转折处压出褶皱。

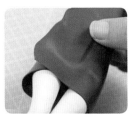

36 用同样的做法制作人物左边裤腿。用眉刀切掉多余的部分，用棒针压一压褶皱。

37 将黑色黏土长条贴在裤子中间作为门襟。

38 用少量黄色黏土加大量肉色黏土混合出米黄色黏土，此处的混色黏土可以多调一些，之后制作披风时也会用到。

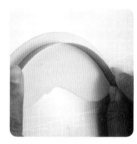

39 将适量米黄色黏土擀成片，用大号切圆工具与长刀片将黏土片切成上面第四幅图所示的弧形。

40 将弧形黏土片的内侧边缘贴在裤腿边缘，注意外侧边缘不要粘在短裤上，然后用大弯头剪在裤腿侧面剪出三角形缺口，做出裤边。用相同的方法做出另一边裤腿的裤边。

5.2.2 上半身与服装的制作

● 制作上半身

把上半身拼接在臀部上时，要参照人物的动作，把上半身调成向后倾的状态。所以，本案例中少年绝对没有骨盆前倾是姿势所致。

01 取适量白色黏土，参考 4.3.1 小节中人物上半身的制作方法，做出本案例中手办人物的上半身。

02 将上半身与下半身衔接，调整接缝与身体的"S"形弧度。

03 将棒针滚动着从脖子顶端往下推到肩部，区分出脖子与上半身。用大弯头剪将肩部剪平，再用手把肩部边缘捏扁。

● 制作上衣

制作人物的上衣时，可以跳过用肉色黏土做出上半身后贴衣服的步骤。直接将衣服捏制成型，再将上衣颜色的脖子替换成肉色脖子，是非常省时、高效的制作方法。

04 用棒针压出腰间上衣的褶皱，然后用勺形工具将褶皱挖得更深一点。

05 将白色黏土片切条，将一端贴在身体正中间，用棒针按照上图的方式折出褶皱。

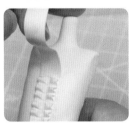

06 用棒针按上一步的方法将黏土片折出一个个褶皱，随后用棒针尖端在褶皱正中间压出凹槽。此处白色黏土条的长度不够，需要再切一段白色黏土条接在褶皱上，做出衬衣上的花边。

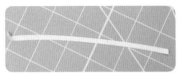

07 切出跟凹槽一样宽的白色黏土条，用小号切圆工具在上面压出圆痕作为扣子，随后用大弯头剪把白色黏土条贴在凹槽上并剪去多余黏土，将扣子补充完整。

08 用大弯头剪把切好的黑色黏土条贴在衬衣与裤子的接缝处，作为黑色裤腰。

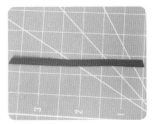

09 切一条红色黏土条，贴在黑色裤腰上作为皮带，顺便挡住黑色裤腰与裤子的接缝。

10 分别切出 4 条约 2mm 宽的黑色黏土长条和 1 条约 1mm 宽的黑色黏土长条，将 1mm 宽的黑色黏土长条竖着贴在红色皮带上，做出皮带环。

11 用 B-7000 胶将金属美甲贴装饰粘在红色皮带上。

12 在 4 条约 2mm 宽的黑色黏土长条的两端分别涂上白乳胶，以前后皮带环的位置为粘贴点，分别将黏土条贴在身体的正面和背面，并在肩部上方相接，做出人物身上松垮的背带。

13 用红色中性笔标出脖子根部的位置，并用眉刀沿着标记痕迹切去脖子。用肉色黏土揉成一个圆柱形作为脖子，再把脖子替换上去。

小提示：替换的脖子不要直直地放在身体上，要有一定的倾斜角度，让脖子从侧面看有向前倾的效果。

14 切出一片弧形白色黏土片，用手将黏土片折成"工"字褶花边。

15 把折好的花边贴在领口上，再用大弯头剪调整花边的形状。

16 把黑色黏土片切成上面第一幅图所示的形状，用棒针和直头剪把最细的一片黑色黏土片围绕在领口上，以遮挡花边与领口的接缝，剪掉多余的部分。

17 把第二宽的黑色黏土片接在黑色领口上，再把最宽的黑色黏土片叠在上面，用抹刀抹平接缝，制作出领带。然后用手弯曲领带，做出飘动的动态（此处可用棉花或纸巾垫在领带下面，帮助定型）。

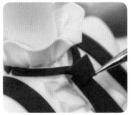

18 切出倒梯形黑色黏土片，用棒针将其贴在领口的接缝处，用抹刀调整造型做出领结。

19 用白色黏土制作出兔子型的领带夹，用红色中性笔在领带夹上画出兔子的眼睛、鼻子和嘴。

● 制作双手

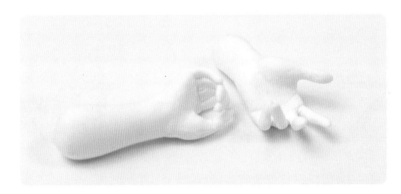

根据手部动态设计，人物左手手心朝上且手指微弯，右手呈握姿。在制作时，可以先将自己的手摆出左图所示的姿势，作为参考。

20 将适量白色黏土用压泥板先搓条，再将一端稍稍压扁，接着用勺形工具在离黏土条扁的一端约 2cm 处划一刀，标出手掌的位置。

21 用手捏住标记处收窄手腕，再用棒针滚动着往下推，然后从手腕处把手掌往手背方向弯折，并用大拇指把掌心往指尖方向推，让手掌变得薄一些。

22 用棒针先在手掌的 1/2 处压出凹痕，以区分手指与手掌的区域，再用棒针从手掌往指尖方向推，将手指部分推得更薄一点。用抹刀的侧面划出手指的大致位置，用大弯头剪沿着划痕剪出手指。

23 用抹刀将手指分开，用大直头剪分别剪出 4 个手指并调整长短，方便区分左右手；用棒针调整手指形状。

24 先用抹刀将小指弯折 90°，再捏住指节固定角度。用同样的方法弯折其他手指以完成左手，并做出右手。

25 将少量白色黏土搓成水滴形，作为大拇指。弯折大拇指指尖，让指尖向后翘。

26 用大直头剪剪掉大拇指上过长的部分，将其贴在右手手掌的相应位置，再用棒针抹平接缝。用大直头剪将大拇指修剪至适当大小，用棒针调整大拇指形状。

27 让右手抓握棒针，在此基础上调整手指形态，然后用大直头剪修剪大拇指形状，用酒精棉片打磨接缝。用相同的方法把左手的大拇指接上。

● 制作衣袖和安装双手

本案例人物的手部动作是一只手向前伸，像是在邀请对方；而另一只手则握着手杖，手臂微微弯曲并自然垂下。从右手握着的手杖可知，少年似乎惯用右手。

28 用压泥板把白色黏土搓成长水滴形，作为衣袖；再把粗的那头压平，作为袖口。接着用手将袖口边缘捏锋利，用压泥板稍稍压扁衣袖，并再次压平袖口。

29 以袖口为基准，将衣袖放在身体侧面、大腿根部上方比对长度，用小直头剪剪掉超过肩膀的部分。

30 将衣袖贴在肩膀上，用棒针调整接缝，用抹刀让衣袖有个微小的转折。因为手臂伸出去时不是笔直的，所以手肘会有一点外翻。

31 用大弯头剪再次修剪衣袖的长度，然后用丸棒在袖口压出与手掌衔接的凹面，再用手指将袖口边缘捏锋利。

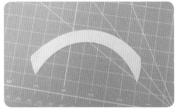
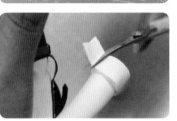

32 切出白色弧形黏土薄片，将内侧弧沿袖口粘贴，让外侧弧自然成形。接着用大弯头剪剪去多余部分，用抹刀调整袖口，使其不与衣袖粘实。

33 制作一条红色薄片花边和一条红色黏土细丝，在袖口的两端分别贴上红色薄片花边和红色黏土细丝，以装饰袖口。

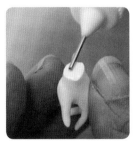

34 用眉刀从手腕处切下手掌，给手掌截面涂白乳胶，随后把手掌粘在袖口处，注意手掌的伸展方向。

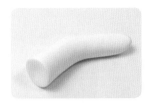

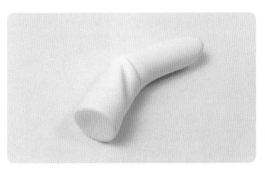

35 用同样的方法制作另一只衣袖的基础形，再用棒针和勺形工具压出衣袖上手肘处的褶皱。

36 如左图所示，给衣袖加上袖口，并在袖口贴上红色的花边和细丝，作为装饰。

37 在衣袖顶端涂上白乳胶并将其固定在肩膀上，再用棒针调整安装效果。用胶把手掌安装在袖子上。

● 制作披风

本案例中给人物制作的披风造型比较复杂，可先在纸上绘制样式，确定样式后比照纸样裁切黏土片。采用这种方法能省去用黏土薄片反复尝试的时间，能提高效率。

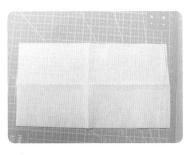

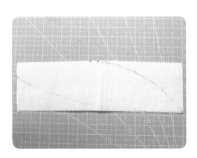

38 此处使用的纸巾长约 19cm、宽约 10cm，将纸巾对折后，用红色中性笔画出上面第三幅图所示的图形。

39 用大弯头剪根据画出的图形剪出披风纸样，把纸巾摊开后就是手办人物的披风的形状。

40 拿出制作裤边时混合出的米黄色黏土，把它放在透明文件夹里用擀泥杖擀成薄片。再将纸样轻轻放在薄片上面，用标记点的方式，用棒针在关键的转角处做标记。

41 拿下纸样，按照标记的点，弯曲长刀片把黏土薄片切成披风的形状。

42 用中号切圆工具在领口处切出半圆形切口。

43 把披风贴在后肩上，用大弯头剪修剪过长的地方，让切口处在肩膀正中央。接着将钢丝从脖子插入并从背后穿出身体，再把人物立在针孔晾干台上，利用晾干台与切割垫的高度差，制作出披风尾部的动态。

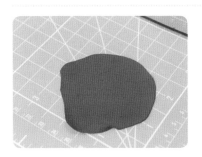

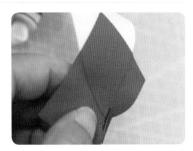

44 将红色黏土擀成薄片，用眉刀在薄片上切一个大约 60° 的角，将之贴在干燥后的披风尖端，并把多余部分剪掉。用同样的方法制作披风尖端背面以及另一披风尖端的装饰。

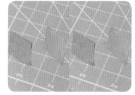

45 将金色树脂黏土擀成薄片，切出4片大小合适的菱形，用抹刀在其一面涂上白乳胶后分别衔接在红色菱形上方。

46 将米黄色黏土擀成薄片，用大号切圆工具切出带弧形边的黏土片。

47 用圆规测量肩膀到手肘的长度，并标记在弧形黏土片上，然后弯曲长刀片按标记把薄片切成扇形。

48 用手压住扇形薄片内侧边，再用另一只手撩起外侧边，做出2个波浪形褶皱。

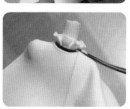

49 将扇形薄片上的第二个褶皱对准肩膀后端，将其贴在肩上作为短披风；再把大拇指放在短披风内、食指放在外，用挖东西的动作做出短披风被风吹得鼓起的飘动感；然后用大弯头剪修剪薄片，让披风刚好遮住上臂。用相同的方法做出另一侧肩膀上的短披风。

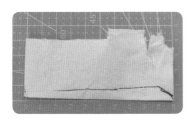  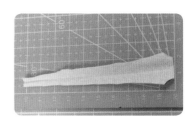

50 将新的纸巾对折并在上面画出披风飘带的形状，再按照形状剪出披风飘带的纸样。

51 把纸样放在米黄色黏土片上，用棒针标出关键点，用眉刀按照关键点切出 4 片飘带。

52 在肩膀前后各贴上飘带，此处可将纸巾搓团垫在飘带下，以固定形状，等待黏土变干。

  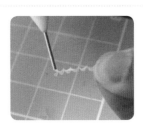 

53 把金色树脂黏土擀成非常薄的薄片，用花边剪剪出两条波浪形花边，在其一面涂上白乳胶后贴在肩膀上。

54 在金色树脂黏土薄片上切出若干细长条，在其一面涂上薄薄一层白乳胶后贴在披风和飘带边缘，为它们镶边。

小提示：这一步考验的是耐心与细心，白乳胶要涂得很薄，尽量不要让白乳胶溢出来，这样作品会显得干净一些。

55 在金色树脂黏土薄片上切出 12 个小菱形薄片，在小菱形薄片上涂上白乳胶，采用并排拼接的方式在 4 条飘带上分别贴 3 片小菱形薄片。

56 在金色树脂黏土薄片上切出 4 条细长条与 4 片小菱形薄片，按图示操作——贴在飘带上。

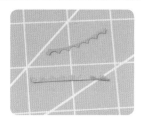

57 在金色树脂黏土薄片上用花边剪剪出锯齿状花边，将其贴在肩头和距离短披风下端边缘约 1mm 的位置。

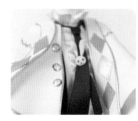

58 拿出环形金属美甲贴，用 B-7000 胶将其粘在短披风的衣襟上。

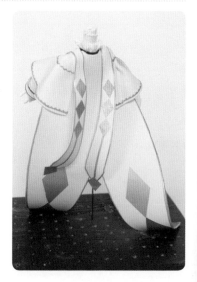

59 上图展示的是在不同角度下的披风。

 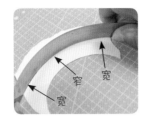  

60 用大号切圆工具与长刀片,把米黄色黏土薄片切成两边稍宽、中间窄的扇形,将其对折,折成翻折的衣领。

  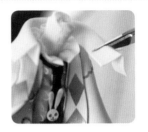 

61 在领口涂白乳胶,利用棒针将衣领粘上去,用小直头剪剪掉多余的衣领,再用棒针尖端调整衣领,让衣领完全粘在领口上。

62 在金色树脂黏土薄片上用花边剪先剪出一条半圆形花边,再稍微移动花边剪,让剪出的花边与花边剪形成错位,再剪一次,就能剪出右边第三幅图展示的花边效果。

  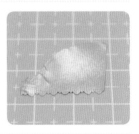

63 用眉刀切下花边,在其一面涂上白乳胶后在衣领下端贴一圈。

64 拿出 B-7000 胶、五角星和月亮形金属美甲贴,然后分别将其贴在衣领上。至此,手办人物的服装就制作完成了。

 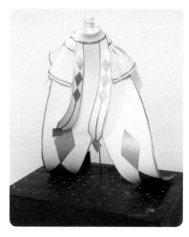 

65 上图展示的是不同角度下的手办人物服装。

5.2.3 头部的制作

● 画脸

画脸时，特意让内眼角高于外眼角，因为这样画出的眼睛是典型的可爱无辜型眼睛。而人物柔和的神情有一种惹人怜爱的感觉，但红眸与红色的睫毛等令人感到一丝丝不安。

01 用肉色黏土和脸型模具制作一个脸型。

02 以脸型自带的唇线作为下嘴唇。用铅笔画出上、下嘴唇，并在脸型长度的 1/2 处点上 4 点，以标出眼睛的高度，然后勾画眼形和眉形。

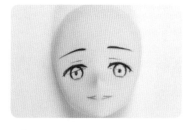  

03 用深红色丙烯颜料勾画眉眼轮廓与唇线。

04 用钛白色丙烯颜料平涂眼睛与嘴巴，用丙烯颜料中的钛白色加少量灰色调成浅灰色，涂出眼白上方的阴影。

05 用大红色丙烯颜料平涂眼珠，用深红色丙烯颜料勾画眼珠边缘。

06 用深红色丙烯颜料点画涂出瞳孔。

07 用丙烯颜料中的大红色加大量钛白色调成浅粉色，涂出眼珠下方亮部。

08 用钛白色丙烯颜料画出眼睛的高光，用丙烯颜料中的深红色加少量熟赭色调成暗红色，勾画出上眼线和眉毛，同时也勾画出眼睫毛。

09 用丙烯颜料中的深红色加少量钛白色调出浅一点的红色，给眼睫毛增加颜色。

10 用培恩灰色丙烯颜料依次加深上眼线、眼珠的边缘与唇线。

11 找出与脖子大小相同的切圆工具，在下巴处挖出脖洞。

12 用色粉刷蘸取肤色色粉，依次刷在脸颊、眉弓与下巴处，给人物上妆。

13 用面相笔蘸取褐色色粉，涂在离下唇线有一段距离的位置上，画出嘴唇的效果。

● 制作后脑勺

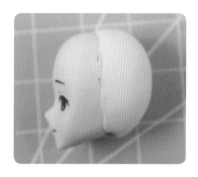

后脑勺的形状要饱满，不能捏得太扁或者太厚。如何判断后脑勺形状是否合适？要结合脸型观察头部两侧的整体形状是否合适，还要看头部侧面的整体形状是否合适，而不是只看后脑勺的形状。

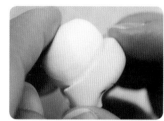

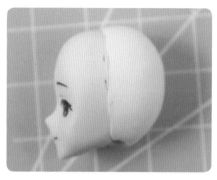

14 将适量白色黏土搓成圆形，塞进脸型背面后用手调整形状；接着用笔刀或者切圆工具挖出脖洞，用丸棒将洞内压平整。随后将头部晾 4 小时以上。

● 制作头发和耳朵

本案例的手办人物是一个年龄小、乖巧的"兽耳男"，所以给人物制作了有些凌乱、飘逸的发型。只要理清头发的分层和走向，就能轻松制作出头发。

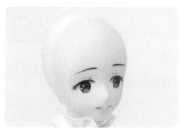

15 将头部安装到脖子上。

16 用大弯头剪在白色黏土团上剪一条叶形黏土，放在蛋形辅助器上，用手掌压成中间厚、两边薄的薄片，用小弯头剪剪出头发分叉，用手调整分叉的形状。

17 将发片放在蛋形辅助器上，用刀形工具压出发丝纹理，再把发片贴在后脖颈的中央。

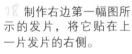   

18 制作右边第一幅图所示的发片，将它贴在上一片发片的右侧。

小提示：头发整体是朝一个方向飘动的，所以贴发片时头发走向也是朝着一个方向的。

19 剪出上面第一幅图所示形状的发片，用小弯头剪和手指做出头发的动态，将之贴在上一片发片的右侧。

20 剪出一些小发片填补发片之间的空隙，一直贴到脸型与后脑勺的交界处。后脖颈这层头发就贴完了。

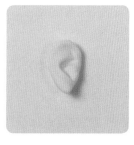   

21 参考 4.3.3 小节中的做法，用适量肉色黏土做出两只耳朵，并将耳朵贴在对应位置。

 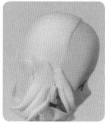    

22 制作一些小一点的发片，分别贴在两侧耳朵的前面。

23 用红色中性笔画出头顶区域头发的走向，后面就可照着这个走向贴发片。

24 开始贴后脑勺部分的头发。剪一条叶形黏土作为发片，用手调整发片形状，再把发片放在蛋形辅助器上压薄。

25 分别用大、小弯头剪剪出发片上的头发分叉，接着用手调整发片形态，将其贴在后脑勺正中间后用抹刀调整发片动态。

26 剪出上面第一幅图所示的发片，贴在上一发片的下方。

27 剪出上面第一幅图所示的发片贴在头顶，将发根集中到头顶的一点。

28 剪一段上面第一幅图所示的小碎发，用来填补头顶空缺的地方。

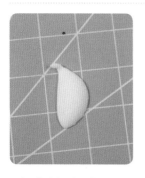

29 贴头部右侧挨着后脑勺区域的头发。剪出发片放在头部右侧，比对发片的大小、宽窄是否合适，再剪出分叉。

30 把上一步剪好的发片贴在头部右侧，再调整发尾制造出飘动感。因为人物的发型是飘逸的短发，只贴两层头发会露出很多头皮，所以采用一上一下的方式贴发片。这样既能填补头发间的空缺又能增加层次感。

31 剪出上面第一幅图所示的发片，调整发片动态，把发片贴在头部左侧挨着后脑勺的位置上。至此，后脑勺部分头发的制作先告一段落。

32 在头顶加一点黏土增加头顶高度，让上眼线刚好在整个头部的 1/2 处。因为人物的眼睛比较大，头顶离眼睛太近容易显得头发太贴头皮，所以将头顶垫高一点。

33 附着在面部的头发分 3 个区域贴：右侧脸颊、刘海儿、左侧脸颊。做出一片细长发片，将发尾放在眼睛下面一点的位置，将另一端贴在脸型与后脑勺的交接处，作为右侧脸颊的鬓发。修剪发根多余的黏土。

34 开始贴刘海儿。将刘海儿分 3 片贴，先做出一片刘海儿发片，挨着上一步贴好的鬓发把刘海儿发片贴在头顶。

35 做出贴在额头正中间的刘海儿发片并贴好。

小提示：不用管此处的缝隙，先确定刘海儿的飘动方向，再补全空缺。

36 贴上脸颊左侧的刘海儿，用手调整动态。

小提示：3 片刘海儿的发根是集中在一点的。

37 做出刚好能盖住空缺的发片，将之贴在额头上填补刘海儿之间的空缺。

38 做出贴在脸颊左侧的头发。至此，面部区域的头发就都贴好了。

39 在头部的左右两侧，各贴上一片发片，以将发片之间的空隙遮住。

40 以头顶发旋作为发片集中的定点，围绕这个定点再贴几片头发，让发型看上去饱满、有型。

41 在头上添加一些小碎发，增强头发的飘动感。

42 在头顶发旋处加一小段头发。完成整个发型的制作。

5.2.4 道具的制作与手办组合

● 制作手杖

用超轻黏土与其他黏土混合，可以让黏土成品的质感更接近真实物品的质感，也能让成品更加精致。

 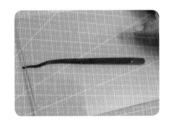  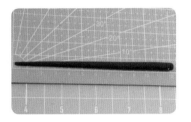

01 将适量小哥比黑色黏土与黑色树脂黏土混合后，用压泥板搓成一头粗一头细、长 12cm 的黏土条，作为手杖。把手杖细的一端剪掉一部分，接着直直地放在切割垫上待其干透。

 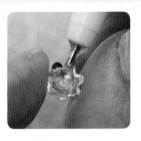  

02 用 B–7000 胶将准备好的珍珠粘在花托上。

03 把红色黏土薄片切成上面第一幅图所示的形状，再将其组合制作出蝴蝶结。

04 用棒针的圆头在蝴蝶结中间压出凹痕，再用大直头剪修剪边缘，随后用 B–7000 胶把钻石配件粘在凹痕处。

05 待手杖干透后，用眉刀将粗的一头切平整，在粗的一头上粘一层金色树脂黏土薄片。

06 用 B-7000 胶将做好的珍珠配件和蝴蝶结一一粘在手杖上。

● 制作兔耳

本案例给手办人物制作的兽耳是"兔耳"。制作时，把两只耳朵做成不同的动态，能够增强手办人物的萌属性。

07 取适量白色黏土，用压泥板搓成两头细、中间粗的长条，再用压泥板稍稍压扁做出兔耳雏形。

08 倾斜压泥板将兔耳的边缘压薄，随后拿起兔耳，用棒针的圆头在兔耳中间压出一道凹痕。

09 用手将兔耳两侧稍稍合拢，再弯曲兔耳做出耳朵的动态。

10 用大弯头剪把兔耳根部剪平，用面相笔蘸取红色色粉刷在凹痕处。用同样的方法做出另一只兔耳。

11 给兔耳插入一截直径为 1mm 的钢丝，然后将兔耳插在头顶，用棒针抹平兔耳根部与头发之间的接缝。

● 组合固定

12 把做好的头部和手杖一一安装在脖子和右手上，再把整个手办人物固定在白色亚克力圆形底座上。完成
本案例的制作。

第 6 章

萝莉风
人物手办

6.1 萝莉风人物分析

6.1.1 所用黏土色卡

| 肉色 | 黑色 | 白色 | 蓝色 | 紫色 | 橙色 | 金色(树脂黏土) | 白色(素材土) |

双色花边蝴蝶结发带

蝴蝶结

泡泡袖

花边装饰

蓬蓬裙

圆头高跟鞋

人物形象设定：喜欢萝莉风服饰的少女。

发型：灰色齐刘海儿、齐肩大波浪卷发。

妆容特点：如洋娃娃般精致。

所属风格：萝莉风。

6.1.2 元素选用

"萝莉"是由国外发展而来的一种说法，一般用来指代可爱、萌萌的小女孩，而萝莉所穿的服装风格叫萝莉风。

萝莉风服饰相较于其他日常服饰较为华丽，衣服上会有许多蕾丝花边、蝴蝶结、绑带等特色装饰品。这类服饰装扮主要表现为蓬蓬裙、圆头高跟鞋、泡泡袖、花边蝴蝶结发带等。

因此，穿着这种服饰的少女就如同洋娃娃般精致。

6.1.3 人物分析

灰色卷发、蓬蓬裙、泡泡袖以及大量的装饰花边能明显突出人物是一个萝莉风服饰爱好者。同时，梦幻的紫色搭配金色星座图案能突出她爱幻想、感性的人物性格。

6.2 手办制作演示

6.2.1 身体的制作

● 制作下半身

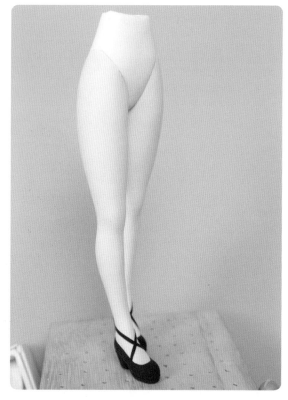

裆部到膝盖下方的距离等于膝盖下方到脚踝的
距离（均为 6cm），即 2 个头的长度，脚长
约 3cm。

制作双腿

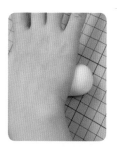    

01 用手将适量肉色黏土搓成一个粗大的水滴形，然后把水滴形细的一端稍捏扁、弯曲，做出脚的形状（此
时不用在意脚掌的厚度是否合适，后面会进行修剪）。把脚踝部分搓细，并推出脚后跟。

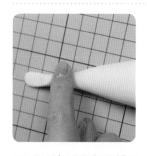 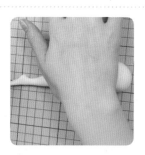 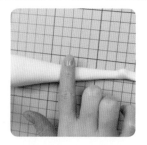 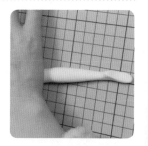

02 用手把小腿部分搓细，同时向大腿部分过渡，然后用手指搓细距离脚踝 7cm 的位置，搓出膝盖窝。

小提示：膝盖窝不可比脚踝细。

03 用手指捏住膝盖将其稍稍弯曲，然后推出凸起的膝盖骨，接着把腿掰直，再把膝盖骨下方捏窄，把小腿弯出弧度使小腿肌肉向外凸。

  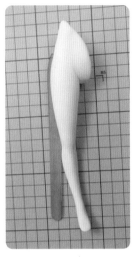 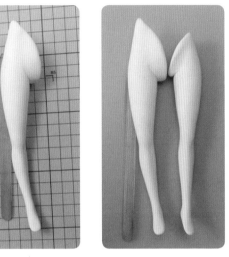

04 用棒针斜着在膝盖骨下方压倒八字，做出膝盖。在膝盖下方往大腿方向约 6cm 处用棒针压出裆部的位置，并往后做出臀部的弧度，随后用手将胯部向内收并抹出胯部的弧度。用相同的方法捏出另一条腿。

制作圆头高跟鞋

05 等双腿干透后，用眉刀把脚掌上多余的部分切掉，只留下脚背。

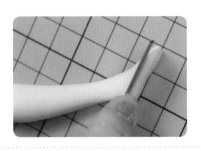 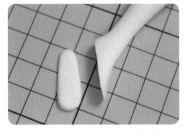

06 用酒精棉片把脚掌切面打磨平整，再将黑色黏土搓成上面第二幅图所示的形状。将黑色黏土宽的一头贴在脚掌切面上，做出圆头高跟鞋的鞋身。

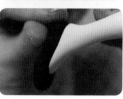

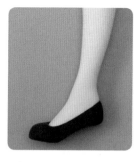

07 参考圆头高跟鞋的鞋底弧度将鞋底剪出弧度，用手把鞋底边缘捏出棱角。

08 用压泥板压一个略有厚度的黑色黏土片贴在鞋底，在脚掌处用眉刀斜着切掉多余黏土，再根据圆头高跟鞋的鞋底形状切掉边缘多余部分，并抹平切痕。

09 用擀泥杖擀出黑色黏土片，用眉刀切一条细条贴于鞋底侧边。

10 压一个更薄的黑色黏土片，将其一端切平，并贴在鞋底中间，根据鞋型切掉两侧多余的黏土，做出鞋底的中间部分。

11 将黑色黏土搓成一个圆柱形，用小直头剪斜着把其中一头剪掉，贴在鞋跟处，随后将鞋跟的内侧面剪平。

12 用羊角工具调整鞋跟与鞋身的接缝，再用小直头剪把多余的鞋跟剪掉。

13 用眉刀切一条黑色黏土细条，将其绕过脚踝交叉贴在鞋子上，作为把鞋子固定在脚上的鞋带。

14 用弯嘴斜口剪钳斜着把铜丝一头剪尖，这样更有利于将其穿进腿中，但需小心。将铜丝穿入腿中后再穿进鞋中，这样能够把铜丝隐藏起来。

15 用眉刀分别将两条腿从大腿根部斜着切掉多余的黏土，将两条腿插在针孔晾干台上晾干。

16 将适量白色黏土用手挤压成三角形，并把三角形的两个平面与双腿的大腿根衔接，把多余的黏土向腰上推，做出臀部曲线和平坦的小腹。待臀部黏土干后，在裆部往上约 3.5cm 处用眉刀切去腰部多余的黏土。

● 制作上半身

肩部到腰部的距离 = 腰部到裆部的距离 =3.5cm。肩宽不含手臂为 3cm，含手臂为 4cm。腰宽为 2cm~2.3cm。大家在制作时可利用切割垫上的刻度尺，测量身体各部位的长度与宽度。

17 将肉色黏土搓成椭圆形，用手把椭圆形的一端揪成脖子形状，再用手掌斜着把锁骨部分压扁。

18 用手将肩膀捏出棱角并把肩膀提起（防止塌肩），再把上半身上的其余黏土往下推，并把腰部搓细。

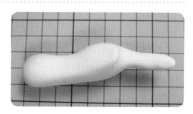

19 用手抹出腰部和背部曲线，保留肩胛骨的厚度，调整脖子角度使其稍向前倾，让整个上半身从侧面看呈"S"形。

● 上半身与下半身组合

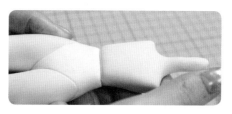
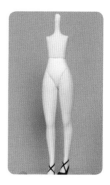

20 用大直头剪从肩部往下约3.5cm处剪掉多余黏土，并将留下部分对齐粘在下半身上。

● 制作双手

制作双手的重点在于手指间的长短、对手型的把握、手指关节的处理以及安装大拇指后虎口的处理。

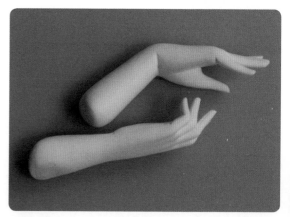

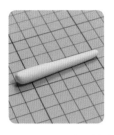    

21 将肉色黏土搓成长条，用手指斜着将一头压扁，这样能让指尖所在区域更薄，让手掌所在区域更厚，再把手腕处搓细。

22 用大直头剪修剪手型，并用小直头剪斜着剪出手指的长短变化，用棒针在手掌中间划出手指与手掌之间的分割线。

23 先用大直头剪剪出 4 指，再用小直头剪斜着剪出指尖的弧度。用抹刀调整手指的位置、角度，并在手指根部划出痕迹，便于后面做出手指动态。

24 先用羊角工具调整小拇指角度，再用手捏出稍向上翘起的指尖。用羊角工具调整各手指形态。

25 搓细手腕，把手腕弯折成合适角度。完成右手手掌的制作。

26 制作左手手掌。在手掌基础形上剪出小拇指，用棒针压出指缝和指节，用抹刀压出小拇指指节折痕，并将小拇指弯曲。

27 用小直头剪剪出小拇指指尖弧度，用镊子轻轻将指关节夹小。

28 用同样的方法依次做出其余 3 根手指。

29 把手指弯曲成不同的角度，并调整手掌，如手掌过厚可将黏土向下推，尽量保证手背的骨感。

   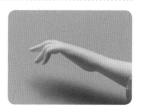

30 用羊角工具调整手腕弯曲角度。完成左手手掌的制作。

31 将肉色黏土搓成水滴形，用手指弯曲出大拇指虎口的角度，然后用大直头剪剪掉多余部分。

32 把做出的大拇指贴在左手手掌上，并用大直头剪修剪大拇指的长短、粗细，用羊角工具将大拇指与手掌的接缝抹平，用棒针调整虎口的宽度。

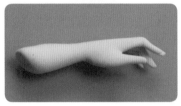 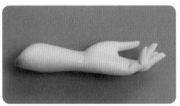 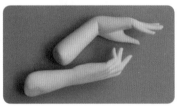

33 用酒精棉片把虎口处的接缝打磨平滑，再打磨手指关节，使手指更圆润、关节更分明。用相同的方法做出右手。

● 制作手臂

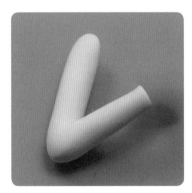 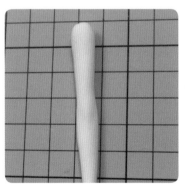

根据本案例制作的手办人物的头身比，从肩部到肘部、从肘部到手腕的长度均为3.5cm，手臂全长7cm。

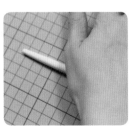 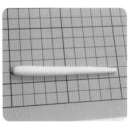  

34 将适量肉色黏土搓成长条，作为手臂。用小拇指的侧面把手臂中间稍稍搓细，搓出手肘窝，以区分出上臂和前臂。

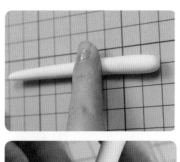

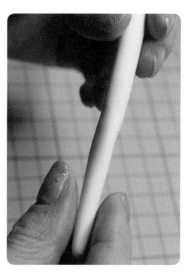

35 先用手指指腹把手肘窝压扁一点，再用棒针按压出肘关节的形态。用手指调整肘关节的形态。

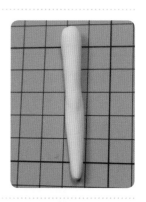

36 用小直头剪把手腕剪平，再用手弯出肩膀，用小直头剪斜着剪去肩膀内侧，做出肩膀顶部的弧面效果。完成左手手臂的制作。

37 制作弯曲的右手手臂。用与制作左手手臂相同的方法做出右手手臂的基础形，把手肘部分稍微搓细后将手臂弯折 90° ，把手肘捏尖，做出手臂弯曲时手肘凸出的关节。

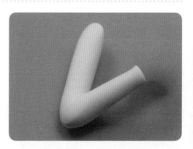

38 再将手臂向内弯折至约呈 60° ，用同样的方法裁剪手腕和肩膀。完成右手手臂的制作。

6.2.2 服装的制作

● 制作蓬蓬裙

本案例中，给手办人物制作的是萝莉风的裙装，这种服装风格的特征是蓬蓬裙、有大量花边装饰的裙边、泡泡袖、蝴蝶结装饰。

蓬蓬裙里会有裙撑，以让裙子有向四周散开、蓬起的效果。为得到这个效果，在制作裙子之前，可用 A4 纸先做一个裙撑，再在裙撑上做裙子，裙子定型后拆去裙撑即可。

制作第一层裙子

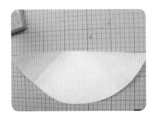   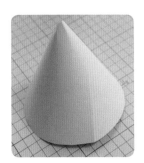

01 将一张 A4 纸剪成半圆形，再把半圆形纸片卷成圆锥并用白乳胶粘贴、固定。

 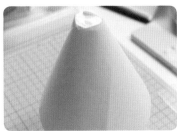

02 用大直头剪在圆锥的顶端剪一个与腰部差不多大小的洞，再将其套在下半身黏土部件上作为裙撑。

小提示：此时可在纸内加棉花使裙撑更稳定。

  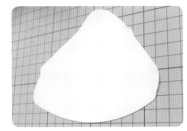

03 用擀泥杖将白色黏土擀成薄片，弯曲长刀片把薄片底端切成弧形，作为裙片。

04 用手挑起弧形边做出褶皱，用指腹将褶皱顶部压扁，用羊角工具在褶皱中间轻轻按压，使褶皱中间轻微凹陷。

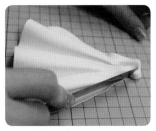

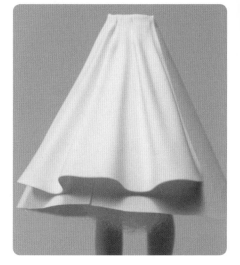

05 用相同的方法把一整片裙片折出褶皱，用眉刀将裙边切齐，用擀泥杖把裙片顶部擀薄，防止褶皱在腰部堆积，切掉多余部分。随后把裙片贴在裙撑正前方的中间，调整一下。

06 用大量蓝色黏土、多一点的紫色黏土和多一点的橙色黏土（混合时如橙色黏土不够可再加）混出蓝紫色黏土，再加入少量白色素材土为蓝紫色黏土增加质感。

07 将适量蓝紫色黏土放在透明文件夹里，用擀泥杖擀成薄片。

08 用与制作白色裙片相同的方法，将蓝紫色黏土片折出褶皱后贴在裙撑上，做出第一层裙子。

制作花边装饰

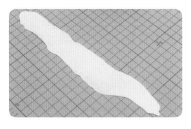 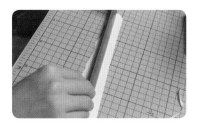 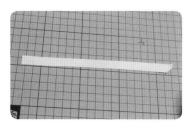

09 将白色黏土擀成薄片，用长刀片切一片约 5mm 宽的黏土片，用来折花边。

小提示：黏土片要尽可能薄，黏土片太厚不易折出花边。

  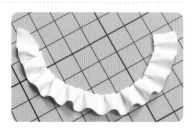

10 用手指先压住黏土片的一端，再用棒针的尖端挑起黏土片并向手指方向挤出一个小"拱桥"，然后用指腹将"拱桥"顶端压扁。重复以上操作，折出一整条花边。

11 顺着白色裙片的褶皱弧度，将折好的花边贴在白色裙边上。完成第一层花边的制作。等裙身定型后，取出裙撑。

小提示：取裙撑时一定要小心，以免破坏做好的裙子。

12 在第一层花边上方贴第二层花边并与第一层花边对齐，然后折一个小花边，将其倒着贴在第二层花边的顶端。

13 制作一条花边并绕着整个裙边内侧贴一圈，注意花边的衔接与贴完花边时的收尾处理。

完善裙子

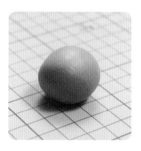
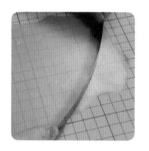
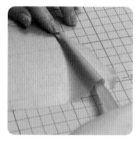
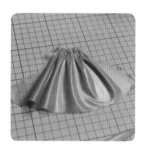

14 将少量混好的蓝紫色黏土加大量白色素材土混合成浅蓝紫色黏土。把浅蓝紫色黏土擀成薄片并晾干（干后薄片会变成半透明状），用折裙褶的方法把半透明薄片折出褶皱。

15 把半透明的裙片覆盖在第一层裙子上，用眉刀把腰部多余的黏土切掉，用大直头剪剪齐裙底。用相同的方法做出剩余部分的纱裙。

16 用蓝紫色黏土薄片折出花边，将其贴在内侧第一层裙子的白色花边上。

17 用浅蓝紫色半透明薄片折出花边，将其贴在裙子表层半透明纱裙的底端。

勾绘裙身装饰

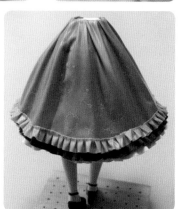

18 用面相笔蘸取金色丙烯颜料在纱裙上绘制出各种星座图案，装饰裙子。

● 制作上衣和装饰

本案例中，萝莉风裙装的上衣是用两种材质的黏土拼接而成的。以胸部为分割线，肩部到胸部是半透明状的纱衣，胸部到腰部是不透明的上衣，因此制作时要表现出服装材质的差异。另外，还需注意对胸型的把握与打磨。

19 将肉色黏土搓成两个大小相同的圆形黏土，选择其中一个圆形黏土将其搓成水滴形，把水滴形黏土的尖端朝胳肢窝方向贴在做好的上半身上，作为少女的胸部。

20 用手把水滴形尖端呈斜坡式一边朝身体侧面抹平，一边朝胳肢窝抹。然后把水滴形圆的部分朝四周稍稍推开，不要让黏土堆积在胸部中间。

21 用羊角工具和酒精棉片打磨胸部接缝，晾干后用同样的方法做出另一边胸部。

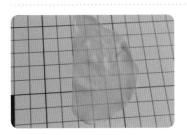

22 把适量浅蓝紫色黏土擀成非常薄的黏土片并放在切割垫上稍稍晾干。

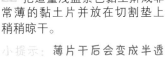

小提示：薄片干后会变成半透明的状态。

23 用色粉刷蘸取棕粉色色粉刷在胸部，加深阴影。

24 将浅蓝紫色半透明薄片紧紧地贴在上半身上，用棒针将薄片与身体间的空气排干净。用小弯头剪修剪薄片，用手指将薄片往身体后方收。

25 把其余的薄片向后包，用眉刀根据胸部形状把薄片切出弧形，把身体侧面和脖子等处的薄片切平。

26 用同样的方法做出背面的衣服，然后从脖子处穿入铜丝并与下半身进行组合。

 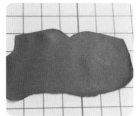 

27 根据胸部形态，用眉刀在蓝紫色黏土片上切出弧形，将其贴在胸部。

28 用棒针把黏土片紧贴在胸部，用眉刀把腰部和身体侧面的黏土片切平，做出身体正面的衣服。

29 用蓝紫色黏土片做出后背的衣服。

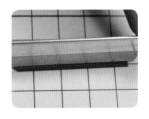   

30 如上图所示，切一条蓝紫色细条，将其贴在切好的蓝紫色宽条中间，然后以细条为中线裁切宽条，做出条状装饰。

31 把条状装饰贴在不透明上衣中间，用小直头剪剪掉多余条状装饰。

  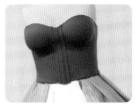

32 切出两条蓝紫色黏土条，将其弯曲成水滴形，用手捏出尖端作为结。做出另一个结后将它们粘在一起，做成蝴蝶结。

33 在蝴蝶结中间添加细条，完善蝴蝶结。

  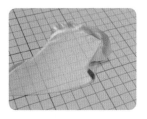 

34 弯曲长刀片，把浅蓝紫色半透明黏土薄片的一边切成弧形，再用手和羊角工具朝一个方向斜着将薄片折出一层一层重叠的褶皱。

35 用长刀片把褶皱切整齐。用大直头剪修剪褶皱的形状。用同样的方法做出另一个褶皱。

  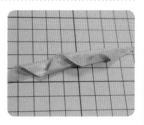

36 把做好的褶皱贴在裙子两侧，再在腰部贴一圈蓝紫色黏土细条，用小直头剪剪掉多余部分，挡住上半身与下半身的接缝。

37 用长刀片在金色树脂黏土薄片上切一条细条，将其贴在不透明上衣的顶端，用小直头剪剪掉多余部分，制作出衣服花边。把做好的蝴蝶结贴在后腰。完成手办人物上衣的制作。

● 制作袖子和安装手臂

手办人物的袖子是泡泡袖，其制作重点在于袖口和接缝处有或多或少、或密或稀的褶皱。因而制作袖子时要慢慢调整褶皱的造型和大小。

38 将浅蓝紫色黏土擀成半透明的薄片，用制作裙子褶皱的方法折出褶皱。

小提示：折出褶皱后要晾至定型，防止褶皱下塌。

   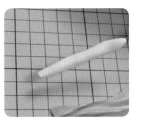

39 用长刀片把褶皱顶端切平，平的一端作为袖口。　　40 把细节针穿进前面做好的左手手臂中，这样方便制作袖子。

41 把带褶皱的薄片覆盖在手臂上，先在手腕处将褶皱捏拢并做出空气感，然后做出衣袖造型，用大直头剪把多余薄片剪去。

42 当出现粘连的情况时，可用棒针将袖子挑起来，制造泡泡袖的空气感。采用向左右轻推的方式用棒针挤出手臂上袖子的褶皱。在制作过程中，随时用剪刀调整。

43 用眉刀和小直头剪将多余的袖子裁掉，随后把手臂粘在左侧肩膀上，做出左手手臂。

44 把细节针穿进右手手臂中，把稍微晾干的浅蓝紫色半透明薄片贴在右手手臂上，结合手肘处自然形成的褶皱制造褶皱。用大直头剪从手臂内侧剪掉多余部分，袖口要留大一点。

45 在袖口折出一圈褶皱，再把褶皱汇聚到手腕，剪掉多余部分。

46 把手臂固定在右侧肩膀上。完成衣袖的制作和手臂的安装。

● 安装手部与添加装饰

脖子处添加的衣领装饰依旧使用了与裙边相同的花边。从内到外，花边层层排列，有非常强的层次感。

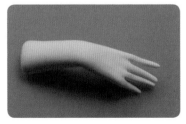

47 拿出前面做好的手，用眉刀从手腕处切开。

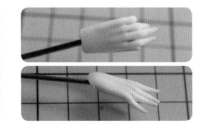

48 用面相笔蘸取棕粉色色粉扫在手背的骨骼处，做出阴影，再蘸取粉色色粉轻扫在指尖。

49 在手腕上贴一圈浅蓝紫色花边，用小直头剪剪齐花边，然后将手部衔接在手腕处。切一条与花边同色的细条贴在手腕上，用小直头剪剪掉多余部分，挡住手部与手臂的接缝。用同样的方法处理另一只手。

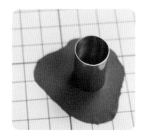

50 用一大一小两种尺寸的中号切圆工具，依次在蓝紫色黏土片上压出一个圆环，然后用小直头剪把圆环剪出缺口，将其贴在脖子上作为衣领。

51 围绕脖子贴三层花边，做出脖子处的装饰，然后在手腕处的细条上贴上蝴蝶结，遮住手部与手臂的接缝。

6.2.3 头部的制作

● **画脸**

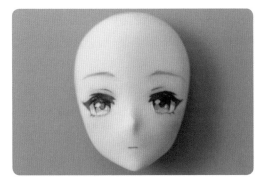

本案例为手办人物设计的五官配色与服装的配色是相呼应的，以蓝色、紫色为主。

01 用钛白色、马斯黑色、熟赭色、大红色、肉色、湖蓝色和青莲色等丙烯颜料绘制脸部。

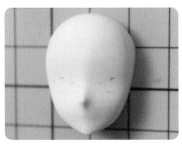

02 用肉色在眼窝处标记出眼型的上、下、左、右 4 个点。

03 先用熟赭色勾画出眼睛轮廓和嘴巴，并用马斯黑色画出睫毛，用马斯黑色加钛白色调出灰色绘制眉毛。

04 用青莲色加钛白色加一点大红色调出浅紫色，画出眼珠的底色。

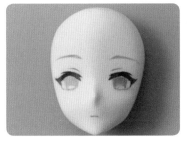

05 用湖蓝色加钛白色调出浅蓝色，画出眼珠正下方的反光。

06 用青莲色画出上眼睑下方的阴影和瞳孔。

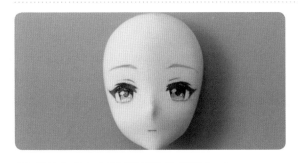

07 用钛白色点上眼睛高光和涂出眼白。

08 用大红色画出下睫毛，用灰色给眼白加上阴影。

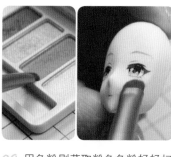  

09 用色粉刷蘸取粉色色粉轻轻扫在眼下，再蘸取棕粉色色粉扫在眼皮的褶皱处，为脸部添加妆感。用余粉在眉头处也扫一下，使手办人物更可爱。

● 制作后脑勺

将黏土贴在脸型后面制作出后脑勺。从正面看，头顶要高于额头，后脑勺要有一定的厚度；从侧面来看，后脑勺的形状是一个水滴形。

10 用大量白色黏土加一点黑色黏土混合出灰色黏土，备用。

11 用与脖子大小相同的切圆工具在脸型底部挖出脖洞。

12 将适量灰色黏土搓成圆形贴在脸型后面，让黏土与脸型边缘衔接，并把头顶的黏土向前推至发际线处，做出后脑勺。

● 制作头发

本案例中，手办人物的发型是齐肩大波浪卷发和齐刘海儿的造型。由于头发弯曲的弧度基本相同，所以制作的发片形状都是统一的大波浪。在制作时需要根据粘贴位置的高低，调整发片的长度。

13 用与脖子大小相同的切圆工具在头部下方挖出脖洞，用镊子夹出多余的黏土，用棒针的圆头将脖洞里的黏土按压平整。

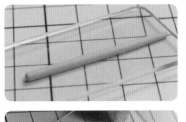 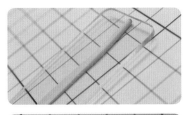 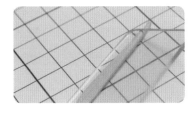

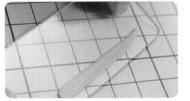 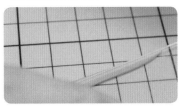

14 用压泥板斜着把灰色黏土条压成一头稍厚、一头略薄的黏土片，作为发片。将发片侧面压薄，并用压泥板压出发片中间的发痕。

15 用小直头剪把发片较宽的一端剪齐，并剪出发尾的分叉，然后用手把发片弯成波浪形。

16 把发片贴在后脑勺的下半部分，用眉刀切去多余的黏土。

17 用相同的方法做出若干波浪形发片并沿着后脑勺下半部分贴一圈，作为第一层头发。确定发型的基本造型与头发走向。

18 在头顶划分好发片的粘贴区域并确定发根聚集的中心点，即发旋。开始贴第二层头发，做出比第一层发片更长的波浪形发片，将之贴在头顶，将发片顶部剪成尖尖的并使其对准发旋。

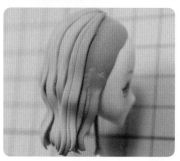  

19 用相同的方法做出第二层的其余头发。

小提示：头发的波浪可以稍稍错开，不要对齐，发片也可以有宽有窄。如发片之间出现较大空隙，可以补贴一小块发片。

20 开始制作头部两侧的头发。做出更长一点的波浪形发片，根据中分发型的头发走向，用眉刀将发根集中在发旋，把发片贴在头部两侧。

21 做出细长且弯曲的发丝，将之贴在头部两侧，粘贴时让其弯曲弧度与头上头发的弯曲弧度错开，给头发增添变化。

22 用同样的方法做出其余的头部两侧的头发。

23 将灰色黏土搓成长水滴形，用压泥板把长水滴形粗圆的一端压扁，再压薄黏土片侧面，并把黏土片底部压薄，随后用压泥板切去黏土片底端，做出刘海儿发片的基础形。

24 先用小直头剪把刘海儿发片剪出3个分叉，再在3个分叉上剪出小的分叉，随后用抹刀抹平剪痕，用手将刘海儿弯出内扣弧度。

25 用小直头剪把刘海儿发片贴在额头正中间的位置并把发根剪尖。用同样的方法做出左右两侧的刘海儿。

26 在脸型两侧增加细细的发丝，以完善发型，丰富发型层次。

6.2.4 装饰美化与固定

● 制作花边发带

01 先在发旋处贴上一条浅蓝紫色花边，然后在浅蓝紫色花边上叠加一条蓝紫色花边，做出花边发带。

02 切一条蓝紫色黏土条，将之贴在蓝紫色花边底部，用小直头剪剪掉多余的黏土条，完善发带的制作。

03 用蓝紫色黏土片切几个小尖角，用小直头剪将之贴于发带两侧，然后制作一个蝴蝶结作为装饰，贴在发带上。

● 添加领口装饰

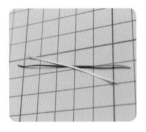   

04 切几条金色树脂黏土和蓝紫色黏土细长条，各取一条分别扭曲并交叉，随后用白乳胶固定。

05 把上一步做好的金色和蓝紫色细长条粘在一起，用眉刀从粘贴处切掉多余部分，用同样的方法制作另一半后对称粘到一起作为蝴蝶结。然后取金色细长条和蓝紫色细长条各一条，交叉粘到一起，从相交处剪开后贴在蝴蝶结下方作为丝带。

06 把整个蝴蝶结贴在领口上，用小直头剪修剪丝带的长度，再搓一个浅蓝紫色圆形粘在蝴蝶结中间遮挡接缝。

● 美化腿部

07 用色粉刷蘸取玫红色色粉刷在膝盖等位置，制造出一种健康的肤色效果。

08 用色粉刷蘸取棕粉色色粉刷在脚踝的凹陷处，加强脚踝的立体感。

09 给人物的圆头高跟鞋刷上一层水性亮油，做出鞋子表面的光泽感。

● 组合固定

10 把黏土手办固定在黑色亚克力圆形底座上，便于手办作品的保存与展示。